Yunnan Ethnic Memories:
Before They Fade Away

Yunnan Ethnic Groups' Costumes

尹杰　蔡雯　主编

云南民族记忆书系

云南民族服饰全书

梁旭　怀古　著

云南出版集团
云南人民出版社

图书在版编目（CIP）数据

云南民族服饰全书 / 梁旭，怀古著. -- 昆明：云南人民出版社，2022.12
（云南民族记忆书系）
ISBN 978-7-222-20079-1

Ⅰ. ①云… Ⅱ. ①梁… ②怀… Ⅲ. ①少数民族—民族服饰—介绍—云南 Ⅳ. ① TS941.742.8

中国版本图书馆 CIP 数据核字 (2021) 第 012675 号

出 品 人：赵石定
策　　划：李　萍　博　林
责任编辑：陶汝昌
责任校对：周　彦　崔同占　欧　燕　董　毅
装帧设计：王曦云
责任印制：代隆参

云南民族服饰全书
YUNNAN MINZU FUSHI QUANSHU

梁旭　怀古　著

出　版　云南出版集团　云南人民出版社
发　行　云南人民出版社
社　址　昆明市环城西路 609 号
邮　编　650034
网　址　www.ynpph.com.cn
E-mail　ynrms@sina.com
开　本　889mm × 1194mm　1/16
印　张　25
字　数　136 千
版　次　2022 年 12 月第 1 版第 1 次印刷
制　版　云南华达印务有限公司
印　刷　云南出版印刷集团有限责任公司国方分公司
书　号　ISBN 978-7-222-20079-1
定　价　360.00 元

如需购买图书、反馈意见，请与我社联系
总编室：0871-64109126　发行部：0871-64108507
审校部：0871-64164626　印制部：0871-64191534

云南人民出版社微信公众号

目录 Contents

序

这是一本充溢着两代人友情与梦想，凝聚了我与梁旭先生五十余年汗水与心血的书。

1990年初春，一同度过了十三年美好时光的七位书友，在歌曲《夏天里的最后一朵玫瑰》声中相互道别，结束了文史哲的学术争论，焚毁了雄心勃勃的研究计划和写作提纲之后，渐渐地消失在寒风夹裹着霜尘的夜色中。一晃三十年，士风与人心骤变，我虽坐拥书城却很少再去翻阅卢梭、洛克、康德、罗尔斯、哈耶克、伯林、阿伦特落满尘埃的著述，也未能兑现对父辈的承诺，撰写思想烈士嵇康、方孝孺的传记。但我记住了侯外庐先生在《韧的追求》中所言："我本不过平平一介书生，因为经历着伟大的时代，才确立自己终生不渝的理想和观点。远言之，我爱慕王船山六经责我开生面的气概，仰慕马克思达到的科学高峰；近言之，自认最能理解鲁迅先生为民族前途，交织着忧虑和信念的，深沉而激越的，锲而不舍的'韧'的战斗。"

岁月从未擦去我们已过去的时光，山河却让我闻到了自由的气息。从20世纪90年代开始我用专业相机记录边地少数民族的生活，纵横于中国西部民族栖息的山水间。与少数民族的朝夕相处中，我在感受西部高原的贫困时，更多的是享受着他们甜美的微笑与平和的生活。在饱读西部自然风光的同时，也认同了一些少数民族的生活方式，他们的生活态度、生死观念、价值取向都深深地影响着我。在他们无言的感染下，我重新梳理了往日的生活，再一次调整了自己的生活轨迹，决意用影像记录少数民族的永恒瞬间。德国诗人歌德在他晚年写的《纪年》里，就修养小说《维廉·麦斯特》写道："我觉得你像是基士的儿子扫罗，他外出寻找他父亲的驴，而得到了一个王国。"这个王国就是我和梁旭先生用了五十余年时光才得以寻到的"服饰王国"。

梁旭先生从20世纪60年代就步入民族田野调查的生活。六十年来，他的足迹遍布云南民族地区的各个角落。无论是彝山、苗岭、傣坝，还是金沙江、澜沧江、独龙江、怒江、红河两岸的民族村寨，他一去少则十天半月，多则两三个月。他不断寻觅，不断拍摄，通过不停的观察和探索，把二十五个民族的生产生活和民族风情的场景，千姿百态、异彩纷呈的服饰，永远地记录在了他的胶片里。

云南是神奇美丽的地方，每个民族的服饰上都书写着自己深厚的历史和色彩瑰丽的生活图景。服饰是各民族悠悠岁月的历史见证，是存活

于各民族中原汁原味的文化精品。“穿的是历史，绣的是神话”，虽不是现实生活，但在各民族的服饰中却依然留有不少象征的图案。这些图案，特别是从中体现出的图腾文化和穿戴习俗，犹如古代文物一样，要真正了解它，真是难之又难。就人类活动的空间差异和人与环境的关系而言，我们对少数民族服饰的研究还处于初始调查阶段，至今仍没有做出学理上的总结。整个研究仅是搜集资料，建立假设，可以说，少数民族服饰至今仍是一部无字天书。

我们研究民族服饰，大多出于好奇或是强调其实用性，所谓蔽体遮羞、护身御寒。而从更广阔视野来研究民族服饰的学术成果并不多见。我确认地缘、地界是研究民族服饰的重要因素。为此，我的民族服饰考察和拍摄便延伸到整个中国西部。直觉告诉我，人文地理学能帮助我们从新的角度更好地来研究少数民族服饰。民族服饰中的护阴板、缠腰带、树叶衣、兽皮衣、火草衣、贯头衣、披毡、领褂、绑腿、围腰、尾饰都有文化韵味。少数民族服饰既反映出人类族群的特点，又反映着族群赖以生存的自然环境。从云南少数民族聚居的自然环境和气候条件看，可根据服饰特点划分为几种类型：高寒地区的厚重宽大、鲜艳热烈型；炎热多雨地区的明快轻薄、扎实重彩型；平坝地区的简捷方便、明快素雅型。

书中无论照片还是文字，都是对云南民族服饰较为客观全面的记录，是留给后人的历史，让人们透过历史的尘封，窥见先民的足迹和踪影；让民族的历史、生活的画卷，折射出人类古老的情感，祖辈的魂魄，强烈的生命脉搏。

一身穿戴，多种信息。在远古服饰起源实物荡然无存的今天，我们依然在云南民族服饰中，找到人类服饰史中一块最大的活化石。服饰文化，从一个侧面显示着人类的文明和进步，并按照一定的传统模式，不断整合、创新，融到自己民族历史和复杂的地理气候环境之中，不仅形成了族群服饰体系的传统，而且创造出了千姿百态的款式，令人眼花缭乱的色彩，风情万种的头饰艺术。刺绣、织锦，作为工艺层次最高、图案意蕴最为丰富和精美的作品，在民族服饰中更能体现出传统文化的价值，使人们感受到一种文化的特殊魅力。民族刺绣工艺精湛，图案精美，针法众多，色彩应用精巧。其刺绣图案折射着历史上民族的兴衰和辗转迁徙的艰辛，从图案的造型、色彩与比例规定中，便能感悟到云南许多民族“低头思往事，回首望故园”的心理轨迹。服饰

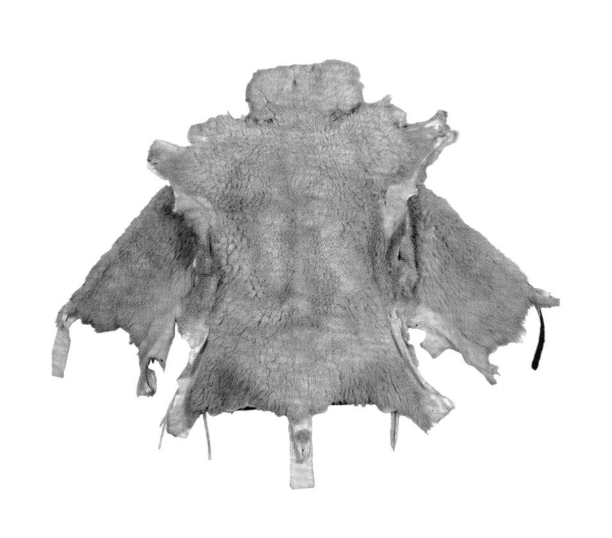

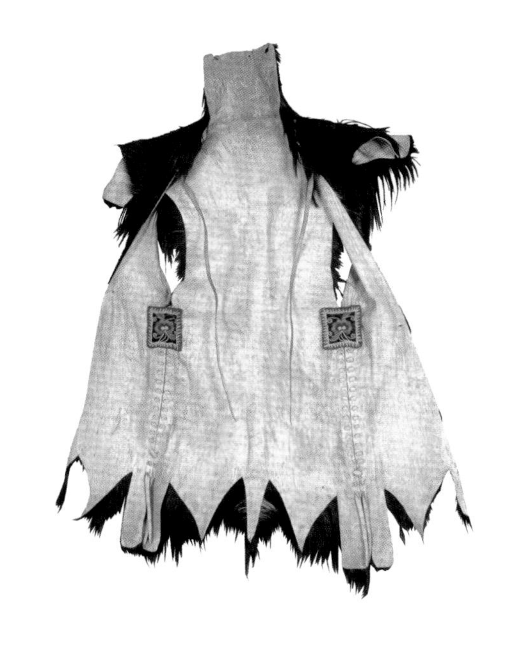

融入了人们对历史的回忆，对社会的认识和对未来的展望。它还体现着人们的审美情趣、生活准则与社会伦理道德。

服饰在世代的传承中，形成了不同民族的不同服饰特征，任何民族服饰的色彩、形制、质地、制作工艺、穿戴方法，都体现着自己民族的认同感和共同心理素质。因此，服饰文化的个性特征非常突出，不少服饰在少数民族中常常是民族支系、民族血缘认同上的重要标志。不同的服饰将不同的族别区分开来，使具有相同服饰的人更加亲密。特征鲜明的服饰无疑是相互识别的重要物证，因为相同，所以相连。服饰不随时间、地点的变化而变化，始终保留着深层的文化内涵，有着巨大的凝聚力。因此，服饰在其内部又起着团结一致、情感同一的号召作用；而在其外部则是民族的标志，民族兴旺发达的象征。它沿袭着乡土之中几千年文化的家底，沐浴着几代、几十代甚至上百代人聪明与智慧的灵光。当然，任何一个民族的文化，都是本土文化与周边文化不断碰撞和交融的结果，其服饰文化则是这一历史进程的缩影。因此，与族源的关系极为密切。从服饰溯源，不仅可追寻民族的本源，也可寻觅该民族与周边民族的关系。

服饰演变和人类的历史一样，有一个循序渐进、由简单到复杂的过程。此书抓住民族服饰的历史发展变化，再现了民族服饰从树叶衣、草质衣、兽皮衣、火草衣，到后来的毡制品、麻布衣及现在的棉织、丝织、仿毛制品这一服饰的演变过程。其价值在于，是严格按照民族田野调查的方法和民族文物征集的特定要求完成的。这些不同支系、不同款式、不同风格的民族服饰，神奇美妙、魅力无穷。后人都会惊叹其种类之多、色彩之美、刺绣之精。或古朴凝重，或艳丽多彩，其款式制作都保持了数千年的传统和文化。是民族文化的瑰宝和奇葩，有着丰厚和博大的文化意蕴，有着广阔的科学研究和文化产业的开发前景。

《云南民族服饰全书》，其实仅对我与梁旭先生而言。在2018年我年满花甲时就想到出版此书，一是田野调查更扎实，二是鲜活的面容更多，三是学术的氛围更浓。2013年1月30日我与老搭档摄影师陈云峰到金平拍摄红头瑶时，我不慎坠入中越交界的江流中，被湍急的江水冲出几十米，随冰冷的瀑布又跌入深渊，要不是凭着儿时练就的潜水本领，也许就葬身鱼腹，成孤魂野鬼了。事后据当地彝族老人讲，凡坠入江中之人，幸存者十之一二。尽管四万余元的摄影

器材沉了江底，好在全身皮发无损。但云峰顺着江岸奔跑时，声嘶力竭的呼喊，至今仍在耳旁回响。人生无常，命由天定，眼看梁旭先生年岁已高，我求全求精的执着难免受到影响。正处犹豫不决之际，蔡雯女士热心地支持此书纳入“云南民族记忆书系”，她的厚意让我和梁旭先生心存感激。由此，我想到在近三十年的民族服饰拍摄中，那些刻骨铭心的往事。1997年我与梁旭先生为云南美术出版社编撰《云南少数民族服饰》《中国彝族服饰》，旅游摄影编辑部的张刘主任不辞辛劳，在云南省博物馆、楚雄州博物馆用哈苏相机为这两部书拍摄了馆藏民族服饰正片。是他引导我走上了专业摄影之路，他是我最为尊敬的摄影师。我大学时的同学曹国忠，也因机缘和情趣，陪着我几乎跑遍了云南少数民族居住的地方。2003年深秋，我俩在撒满秋叶的山道上，随二十万藏民徒步十四天绕梅里雪山一圈，在寻找家园的旅途中享受了大自然赋予的宁静之美。一次滇南之行，汽车在大山垭口抛锚，夜幕降临，我们伫立于倾斜的天宇下，仰望繁星密布的天空，凝视绵延的群山，在神灵栖息的山中，内心有一种人生的大欢快。东方泛白，远方是茫茫的云海，下山路上，眼前一片山花烂漫。我们忽然想到，人不过是大地的匆匆过客，即使踏遍山川，穷尽目力，也难以捕捉到大自然美的极致。画家王鹏程贤弟，是二十五年前我到南京拜谒方孝孺墓，于雨花台观血迹石时相识的。我俩颇有缘分，一见如故，胜似亲人。我一时兴起邀他到香格里拉采风，因车祸我俩险些丧命。事后，我想起古人有“大难不死，必有后福”之说，于是我鼓动他辞职赋闲，专心作画，二十年后定鹤鸣九皋，名倾一时。那时我已看中他的画有市场前景：荒芜的大地，枯残的荷叶，脆弱的小鸟。我特喜欢干净的画面上那一两只小鸟的眼神，呆滞、迷茫、苦涩、忧郁、企盼，我总觉得鸟的眼神就是当今我们人类的眼神。而今他已小有名气，衣食无忧，每年都陪我边疆万里行，拍摄民族纪实片，并时常为我解读民族服饰色彩的象征意义。他认为最能体现云南民族服饰的基本色彩是红、黑、白。此三色有凝重、厚实、清丽、明快、简洁的风格特点，既能给人美的享受，也能让人产生许多联想。红色象征着生命，每个婴儿的出世，每个牛犊、马崽、羊羔的降生，都带有母体的血液；黑色象征着水，任何生命都离不开水的滋润，没有水鲜活的生命就会枯萎；白色象征着阳光，万物生长靠太阳，带来光明的太阳是

白色的。所以，我们确认分别象征生命、水、阳光的红、黑、白三种颜色，毫无疑义是云南民族服饰的基本色调。

这篇序言是我在中缅边境一个叫坦库的佤族山寨构思的。当时，我与国忠、云峰去拍摄佤族一个古老的葬礼，神秘的气息笼罩着整个山寨。夜幕下，天空星辰闪烁，云雾向山谷聚集，成千上万的萤火虫在眼前飞舞，魔巴做鬼的山林中不时传来鸱鸺的啼鸣声。此刻，父辈生与死、泪与笑的容颜，又一次唤起我儿时的梦魇和青年时代的记忆，那些曾经让我难以忘怀的思想烈士在我生命的沉湖中又一次重现。我离开时代的潮流很远了，思想的基石正在倾斜，我担心在民族文化的园地里停留的时间太久，会消解我骨髓中追求道德理想重建的初衷。我的研究已从民族服饰重新转入中国伦理思想的领域，以后恐怕再也没有机会写到他们了。不过在宁静的书房里，我会时常想到他们。

怀古于茶乡布朗山

彝族女服

布朗族

20世纪80年代勐海县
打洛镇征集

布朗族分布在云南西南澜沧江流域的中下游山岳地带，据2020年第七次全国人口普查统计，居住在云南的布朗族有119769人。主要聚居于西双版纳傣族自治州勐海县的布朗山、西定、打洛等地，其余散居于双江、镇康、耿马、云县及澜沧、施甸等县的山区。中华人民共和国成立前，布朗族大多从事农业，多数地区依然“刀耕火种”。特别是布朗山和西定一带，生产力十分低下，人们使用竹尖或木棒戳穴播种，用二指宽三寸长的小铁锄除草，不施肥料，土地是轮歇耕作。

一、服饰的历史沿革

布朗族先民在唐代文献中被称为“朴子蛮”。“朴子蛮”是南北朝时期从过去永昌郡内的“闽濮”中分化出来的一支。元、明、清时期，布朗族在汉文献中被称为“蒲蛮”“蒲人”，这时期的“蒲蛮”“蒲人”中，包含着布朗和德昂两个族的先民。

《蛮书》卷四说：“朴子蛮，勇悍矫捷，以青娑罗段为通身裤。”“通身裤”实际就是“贯头衣”。可见在唐朝时期，布朗族先民就有了较高的纺织技术，这种衣式传统，到了明代记录得就更清楚了。景泰《云南图经志书》卷四说，当时顺宁府一带的“蒲蛮，男子以布二幅缝为一衣，中开一孔，从首袭下，富者以红黑丝间其缝，贫者以黑白线间之，无襟袖领缘，两臂露出。夜寝无床席，惟以衣蒙首，拳曲而卧。妇人用红黑线织成一幅为衣，如僧人袈裟之状，搭于右肩，穿过左肋，而扱于胸前，下无裹衣，惟用布一幅，或黑或白，缠蔽其身，腰系海贝，手带铜钏，耳有垂环”。明代“蒲蛮”人口较多的另一个区域是永昌府及西南的“百夷”土司区。万历《云南通志》卷二“永昌府风俗”说：“蒲蛮，一名蒲子蛮，其衣食好尚与顺宁府者同。”而其“男子椎髻跣足，妇人绾结于脑后”。

明朝初年，保山城坝区也有“蒲蛮”。至万历年间，其服饰已明显汉化。《滇略》卷九载：“蒲人，散居山谷，无定所。永昌凤溪、施甸二长官司及十五哨、三十八寨皆其种也。形貌粗黑……男女皆束发为髻。男以青布裹头，腰系绿绳；妇人以花布。”

清朝时期，顺宁府（凤庆、昌宁、云县）靠内地的地方，康熙《顺宁府志》卷一说：“蒲蛮一种，男女色黑……耳戴大环，箨帽赤足。”

20世纪50年代
勐海县西定乡征集

头饰　双江拉祜族佤族布朗族傣族自治县邦丙乡

而靠边境地区的“蒲蛮”，雍正《顺宁府志》卷九：“男女色黑……穿麻布衣，女子用青布裹头，戴箨帽，耳戴大银环或铜圈。”永昌府的“蒲蛮”，服饰与明代相比，基本上没大的变化，康熙《永昌府志》卷二四载：“蒲人……男裹青红布于头，腰系青绿小绦绳，多为贵，贱者则无。……妇人挽髻脑后，戴青绿珠，以花布围腰为裙，上系海贝十数圈，系娑罗布于肩上。”清代，景东府内也有“蒲蛮”。雍正《景东府志》卷三载：“蒲蛮，男女体貌深黑。居深山，衣服婚丧如白罗罗。女织棉布，惟沿江一带有此种。”普洱府境内的“蒲蛮”又名“蒲人”，“宁洱、思茅、威远（景东）有之。……男穿青蓝布短衣裤，女穿麻布短衣，蓝布筒裙，腰系布带，以水蚌壳钉其上，名为海巴”。

文献中的布朗族服饰，一开始就有着明显的地域差异。这种差异，直到清朝末年，基本上没有多大变化。总体说来，从明清到中华人民共和国成立初期，布朗族的服饰：“不论男女，皆束发为髻。男子常穿黑色宽大长襟和对襟短衣，缠黑色或白色包头巾，上肢、胸、腹皆刺染有各种花纹。妇女着花布短衫，下着黑色或红绿纹筒裙，挽髻于头顶，外包青布包头，小腿扎数道黑藤圈，双耳戴大银环或铜圈。手戴银镯，颈戴蓝色或绿色珠串，珠串越多越显庄重和富贵。”

二、服饰的区域形制

布朗族没有支系，因都居住于山区和半山区，社会经济发展不平衡，加之大多杂居于其他民族之中，受不同民族文化的影响，因此，服饰形制依然有着地域的差异。这种差异主要体现在妇女服饰上。

西双版纳州和澜沧江一带的妇女，因长期与傣族杂居或为邻相处，受傣族文化影响较深，服饰与傣族相似。打洛一带的妇女，穿白色或蓝色窄袖紧身上衣，但比傣族稍长，至腰下，无领、无扣，对襟或两襟相掩，紧腰宽摆，左右大衽，衣后两边各有一条小布条，供在左腋下打结系紧衣服之用；下着双层筒裙，内裙比傣族筒裙稍短，多为浅色，平时在家只穿内裙，出门则套上深色带花饰的外裙，臂部以上为红色横条花纹，腿部以下多为黑色或绿色；小腿裹白布绑腿。未婚姑娘留长发，缠黑布或青布包头巾，穿红、白、绿等色圆领对襟短衫；衫襟边镶嵌红布或花纹条布。已婚妇女，多穿白布或蓝布短衫，襟边

镶有鲜艳的花布条纹；下着筒裙，小腿缠白布裹腿。未婚姑娘和年轻妇女，留长发、梳发髻，大多在发髻上插一根银针，针顶端嵌三颗菱形透明的玻璃珠，下系一条细银链，吊着多角形小银片、小银铃，并夹红绒线花朵；耳垂上也往往在银圆片或玻璃珠上夹佩红绒花朵，有的下垂至肩，两手臂上还套一对银手镯；发髻上尤为特别的是银饰品，簪头看似螺尾，三个螺峰并列。这样的打扮，使得布朗族少女和年轻妇女显得十分美丽而又婀娜多姿。

勐海县布朗山的布朗族，15岁以上的男女均缠包头，男为白色，女为黑色或蓝色；15岁以上姑娘都梳发髻，插银簪、绕银链、戴银片为饰，颈佩项链。妇女均戴彩色木耳塞或银耳塞；未婚者两鬓插花和挂玻璃珠。布朗族妇女喜嚼槟榔，以嘴唇被染红为美。

布朗族别具一格的是施甸地区的妇女服饰。妇女挽发为髻，用两块三米多长的青布折叠成三角形包头上，接近额头处再用一条彩色玻璃珠穗箍扎，包头前额留一撮刘海，插上一朵白绒珠花相配，使头饰更加显美；加之上身穿土蓝布或漂白布缝制的高领、长袖、大面斜襟衣，襟边、袖沿都镶有红绿花纹布条，高领上绣有精美的花纹图案，有的上衣外套一件花布对襟短褂，钉上15对或20对布纽扣或银币小纽扣；颈部系一条用十余个银泡镶嵌的项带，颈前别一朵精致的银花，在圆领两端各吊一条银链，分别穿着银针筒，银挖耳等银器作为装饰品；胸前系纯白边的青布围腰，长至膝部；下穿青布长裤，裤脚肥大，扎青裹腿。少女喜戴银饰品。银手镯、银戒指、银头链、银耳环、银项链、银耳坠、银扣、银锁等都是姑娘的佩饰物，其中戴在手腕上的银手链长达50—70厘米；足穿绣花鞋，走起路来，叮当作响，十分别致。

双江、永德等地的布朗族妇女，装束与西双版纳的大体相似。区别在于：已婚妇女头部挽髻，内层用白布巾包裹，外层用一条三米多长的青布包头，缠叠成波浪形；未婚姑娘在腰带右边吊一条绿线织成的长约四米的红缨穗（既是未婚的标志，也是将来赠送给心爱情侣作为系弦琴带的礼物）；如果是少女，还在包头外罩一条白毛巾。

金平芒人服饰。芒人集中居住在金平金水河南科地带。服饰与傣族相通，男子穿耳戴环，男女上衣均短瘦，袖窄紧贴肌肤，无领，对襟银扣。男子穿纽裆大管裤，妇女着筒裙，衣裙之间围一块布，类似其他民族的围腰。妇女留长发，

头饰 施甸县摆榔彝族布朗族乡

梳高髻，以兽骨作簪，扎红头绳，再以海贝、兽骨及各色料珠装饰，红布红线镶缝衣边。男子亦留发，在脑后打结，今多已剪短发。男女均有在嘴角处文面之习。妇女喜嚼槟榔染齿。妇女上穿窄袖对开襟短衣，仅遮乳房；下着黑色短围裙，裙腰仅围臀部以下，上衣与围裙相连处围一块“遮羞布”；头顶扎一高髻，系红色头绳，多半用珠子串起来，富有者戴项圈和手镯；腿上裹着白色或黑色布，以防劳动时被虫类伤害。男子着对襟短衣，下穿裤子，原为白色，后来用蓝靛染成黑色。

勐腊县勐捧镇

双江拉祜族佤族布朗族傣族自治县邦丙乡

施甸县摆榔彝族布朗族乡

1989 年勐海县打洛镇

金平苗族瑶族傣族自治县金水河镇

澜沧拉祜族自治县糯福乡南段

勐海县布朗山布朗族乡

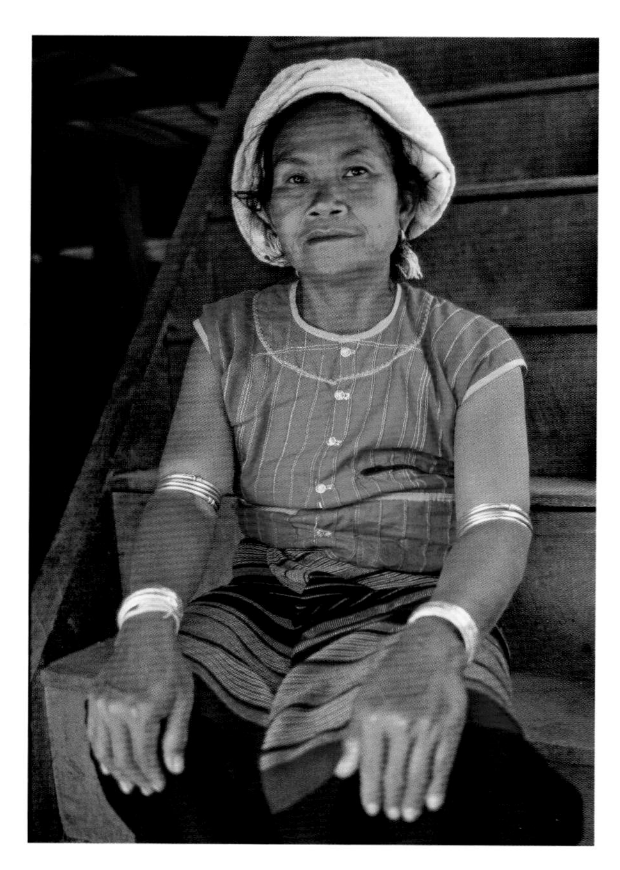

勐海县布朗山布朗族乡

双江拉祜族佤族布朗族傣族自治县邦丙乡

20世纪60年代芒市三台山德昂族乡征集

德昂族

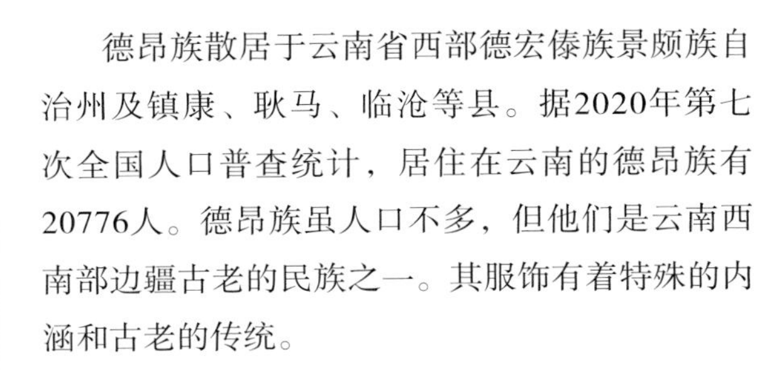

德昂族散居于云南省西部德宏傣族景颇族自治州及镇康、耿马、临沧等县。据2020年第七次全国人口普查统计，居住在云南的德昂族有20776人。德昂族虽人口不多，但他们是云南西南部边疆古老的民族之一。其服饰有着特殊的内涵和古老的传统。

一、服饰的历史沿革

德昂族是古代“濮人”“蒲蛮”的后裔。根据樊绰《蛮书校注》记载，唐代时“濮人”族群的服饰为“皆衣青布袴，藤篾缠腰，红缯布缠髻……妇人披五彩娑罗笼”。《新唐书·南蛮传》中载：“黑僰濮，山居，妇人以幅布为裙，贯头而系之，丈夫衣縠皮。”《蛮书校注》中又载：“望苴子蛮（德昂族），在澜沧江以西……其人矫捷，善于马上用枪，所乘马不用鞍，跣足衣短甲，才蔽胸服而已，股膝皆露。兜鍪上插牦牛尾，驰突如飞，其妇人亦如此。”元明时期，史书上将“濮人”记载为“蒲人”“蒲蛮”。《百夷传》说：“蒲人，青红布裹头，顶以青绿小珠贯而系之，多者为贵，无则为贱也。”景泰《云南图经志书》对当时顺宁府的德昂族服饰概况也有记录：“境内多蒲蛮，男子椎髻跣足，妇女绾髻于脑后。”至清朝时，德昂族已经从“濮人”“蒲蛮”先民群体中分化出来，最终成为与其他“蒲蛮”不同的单一民族，史书上称之为“崩龙”。光绪《永昌府志》中说：“崩龙，类似摆夷，唯语言不同。男以背负，女以尖布缠头，以藤篾圈缠腰，漆齿文身。”

自清代以来，德昂族服饰虽有变化，但基本形制一直保存了下来。中华人民共和国成立后，据20世纪50—60年代初的民族调查资料：“红崩龙”和“花崩龙”，妇女不留发，均剃光头，裹黑布包头。包头的两端后垂。穿蓝、黑色对襟上衣，襟边镶二道红布条。以大方块银牌作纽扣，上衣下摆用各色小绒球作装饰，腰间缠黑漆制藤篾圈，有的还刻上花纹。耳串大耳坠，颈带银项圈。裙子特别长，上遮乳房，下及踝骨。“红崩龙”的裙子上织有显著的红色线条。“花崩龙”妇女的裙子上织有红黑或红蓝匀称的线条。“黑崩龙”女子婚后留发，戴黑布包头，上衣斜襟，裙子以黑为主，并间以红色或白色细线条，裙长仅以腰部至踝骨。男子裹黑布或白布包头，戴大耳坠和银项圈，多穿蓝黑色对襟上衣。青年小伙子还喜欢在胸前点缀些丝绒花。裤较短，但裤腿宽大。男女多赤足。（《云南

20世纪70年代芒市三台山德昂族乡

少数民族风俗习惯》）

德昂族自称为“德昂”，“昂”在本民族语言里意为“山岩”“岩洞”，“德”为尊称的附加语。清代以来的汉文典籍中一直称他们为“崩龙”，中华人民共和国成立初期进行民族识别时也沿用了这一族称。根据本民族意愿，自1985年9月21日起，正式改称为德昂族。

二、服饰的区域形制

德昂族虽杂居在傣、景颇、佤等民族之间，地域较为分散，但服饰的基本形制不复杂，大体是一致的。男子穿黑色短上衣，穿宽而短的裤子。青年男子，以白布包头，两端镶着两朵大红色绒球，再加上头、颈部佩戴的银耳坠、银项圈等饰物，显得英俊潇洒。妇女都穿蓝色和黑色的尖领紧身短上衣，在领边、襟边、下摆常用红布条和各色绒球装饰，下着筒裙。总体来说，妇女服饰较为简单朴实，上衣仅在衣背上绣些条纹格子，格子内绣简单的粗线条花卉，有的只在衣服下摆处织上红、绿、黄色的鸡爪形花纹。

值得关注的是德昂族妇女的筒裙。它不仅为颇具特色的服饰形制，而且是区分德昂族支系的重要标志。筒裙都比较长，上遮乳房，下及踝骨，裙身上部织有色彩鲜艳的横条纹。所不同的是：“红崩龙”的筒裙上织有宽17—20厘米的大红条纹；“花崩龙”的筒裙上是红白相间、宽窄均匀的横条纹；“黑崩龙”的筒裙用黑线织成，其上间织红、绿、白色细条纹，裙的长度从腰部至踝骨，较其他两支系的筒裙稍短。德昂族三个支系间的区别，仅只在于筒裙上的底色和织条纹的色彩，使得筒裙在德昂族中有着特殊的地位。

当然，德昂族除以筒裙作为区别支系的标志之外，妇女的头饰和上衣也有着不同之处。妇女过去多包黑色包头。“红崩龙”和“花崩龙”妇女婚前婚后都剃光头不留发，而“黑崩龙”妇女婚后则不剃光头而留发。德昂族妇女虽然都穿黑色紧身短上衣，但“花崩龙”和“红崩龙”穿的是对襟衣，“黑崩龙”穿的则是斜襟衣。

德昂族崇拜红色，妇女服饰上的红色织纹非常夺目显眼，无论哪个支系，上衣襟边都镶有两条红布，并钉上大方块银扣四至五副。筒裙上的红色条纹，更是必不可少。据传说：在极为久远的时候，德昂族有杀牛祭祀的习俗，牛被杀伤倒地后翻滚挣扎，正巧有三姐妹站在旁边观看，牛尾巴乱甩，将喷洒出来的血染在了筒裙上，

芒市三台山德昂族乡

事后，三姐妹看着裙子上牛血染成的条纹非常美丽，于是各自按照所染牛血的位置和颜色的深浅织成自己的裙子，结果成了三种不同纹路的筒裙分别传给后代，于是形成了三个支系，一直传承至今，筒裙的式样花纹均无改变。传说中还说，姐妹们后来在吃牛肉时，上衣胸部不慎又被牛血染红，大家觉得筒裙因牛血染红而美观，便又在上衣胸部缝上两块红布条，作为对牛血带给人们美丽、幸福的感谢。

德昂族男女都喜用黑布包头。包头布多为棉制，也有棉麻混杂制品；男女也都喜欢戴银项圈、银耳筒、银耳坠。这些银器，过去都由本族银匠手工制作，工艺水平之高在各族之中享有盛名。德昂族男女，还有绑裹腿的习惯。男子的裹腿多用白麻布缝制，用麻线扎紧；妇女的裹腿用黑布或青布缝制，布两端镶红边，用布条扎紧。裹腿有避免人们在山林中行走或劳动时被棘刺伤害和毒虫叮咬的保护功能。

镇康县凤尾镇

镇康县南伞镇

镇康县凤尾镇

芒市三台山德昂族乡

佤　族

头人上衣　20世纪70年代西盟佤族自治县征集

佤族主要分布在云南省西盟、沧源、耿马、孟连、澜沧、双江、镇康、永德等县以及西双版纳傣族自治州、德宏傣族景颇族自治州等地区。据2020年第七次全国人口普查统计，居住在云南的佤族有383569人。西盟和沧源两个佤族自治县是佤族聚居地，占佤族总人口的57.6%。

中华人民共和国成立前，西盟佤族社会还处在“刀耕火种”的原始社会阶段；沧源佤族社会虽初步具有封建领主制的性质，但原始社会残余很浓厚，基本上保留着较为古老的当地民族服饰特色。

一、服饰的历史沿革

佤族先民在周秦时期是“百濮”的一支。唐朝时被称为“望苴子”“望外喻”“朴子”等。《新唐书》载，其服饰为“裸身而折齿，染唇使赤”。“在永昌南，其俗折其齿，刺其唇使赤，又露身无衣服。”唐宋时期，南诏统治下的佤族先民，社会生活已经出现不尽相同的情况。有了纺织技术的地区，《蛮书》说：“妇人亦跣足，以青布为衫裳，联贯珂贝、巴齿、真珠，斜络其身数十道。有夫者竖分发为两髻，无夫者顶后一髻垂之。”而畜牧业发展的地区，则“跣足，衣短甲，才蔽胸腹而已”。从元朝到清朝初年，佤族有“哈剌”“古剌”“卡瓦”等称呼。《百夷传》中记载：“哈剌，男子以花布为套衣……妇人类阿昌，以红黑藤系腰数十围。”又言：“妇人髻在后，项系杂色珠，以娑罗布披身为上衣，横系于腰为裙……仍环黑藤数百围于腰上，行缠用青花布，赤脚。”可见明朝时期，佤族中的各个支系之间的发展是不平衡的，居住在今腾冲、德宏的“哈剌”，纺织业已发展到能织造“娑罗布”和“木棉布”。而“古剌”较之“哈剌”则为落后。“古剌，男女色甚黑。男子衣服装饰类哈剌，或用白布为套衣。妇人如罗罗之状。”《西南夷风土记》也说：“古剌……上下如漆，男戴黑皮盔，女蓬头大眼。”天启《滇志》也说：“古剌，男女色黑尤甚，种类略同哈剌。”被称为“卡瓦”的支系，内部的发展也不平衡，当时汉族把他们分为“生熟两种”，“生者劫掠”“熟者得路”。史籍记载，有的“巢居山林，无衣服，不识农业，惟食草木禽兽，善骑射”，有的“妇女斜缠绵布于腰，居山巅，迁徙无常，不留余粟”。《云南通志》说：“卡瓦，亦耕种，有寨落。红藤束胫缠腰，披麻布。”这

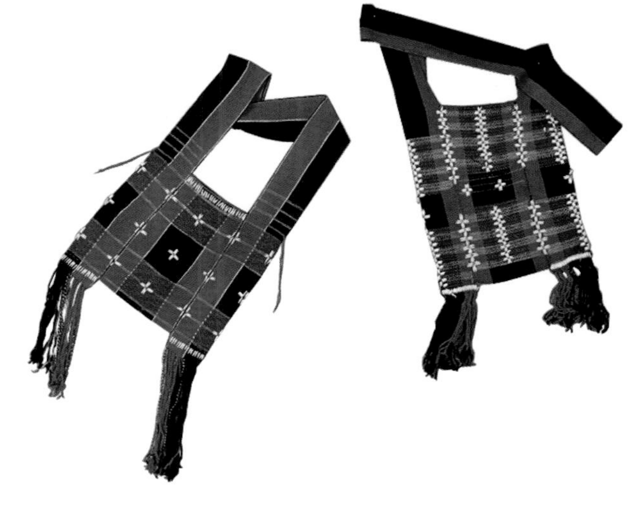

织锦挎包　20世纪50年代西盟佤族自治县岳宋乡征集

是居住在阿佤山区的佤族先民的服饰。而散居在普洱府的“卡瓦”，据道光《云南通志》引《他郎厅志》说：“卡瓦，男穿青布短衣裤，女穿青蓝布短衣裙，均以红藤缠腰。”阿佤山的“卡瓦”只能织粗糙的麻布，而思茅、宁洱的却能织比较细致的青蓝布为衣裙了。

民国年间，相关佤族服饰资料较少。李景森《葫芦王地状况》记载：“衣服多用棉或麻织成之布，极粗糙简单，仅纯土人缝为衣服，用以遮身。至于野土人则多赤身露体，遍体漆黑，不论男女，只用一二尺遮住生殖器。”又载：“卡瓦，披发裸身。”“葫芦王”所居之地，即今以沧源、西盟为中心，包括澜沧、孟连、耿马、双江、镇康等县在内的佤族聚居区。当时，“此等地区，既不归我，亦不归缅，自成部落，自立酋长，其大者王，小者无数。穴居野处，断发文身”。（《边地问题》）原始部落时代的生活，决定了佤族服饰的落后，直至中华人民共和国成立初期，佤族服饰也没有更大的变化。其中，以西盟为代表：西盟佤族，历史上称为“野卡”，曾有猎头祭谷神之俗。中华人民共和国成立前社会形态尚处原始社会末期，“穴居野处，断发文身”。

其服饰比较简单粗糙，“披发裸体”，不分男女，只用一二尺土布遮住生殖器。但佤族有一种传统服饰叫“贯头衣”，制作穿戴都非常简单。据日本鸟越宪三郎《倭族之源》一书中研究，佤族“贯头衣”与克伦族、黎族的“贯头衣”有密切关系，其历史渊源可追溯到云南石寨山出土的文物图像和沧源崖画的人物服饰上。

西盟佤族男子剪发，一般用黑布包头，包缠得越高大越以为壮观荣耀。上衣短小，无领，裤子短而宽大。天热时，男子大多数喜欢赤体露身，只用一小块布遮蔽住下身。男子也喜欢戴装饰品，特别是青年人，大多颈戴红色藤或竹制圈和料珠，穿耳，耳孔中戴红线穗，手腕上戴银镯，跣足。外出时，都要挎上一个底垂长穗、面织图案花纹的挎包，腰挎长刀或枪，既可自卫，也作打猎和生产工具。有的男子还喜欢文身。他们于胸脯刺牛头，于手腕刺花鸟，于腿上刺山林，反映出佤族原始崇拜的习俗。

妇女服饰较之男子更有特色。她们上穿无领对襟或斜襟短衣，下用一幅红、黄、蓝、黑相间自织布横折而作围裙。婚后的妇女上身多赤裸着，未婚的姑娘则穿短而小的背心，只能盖着胸部。妇女以留长发为美，不梳辫子，散

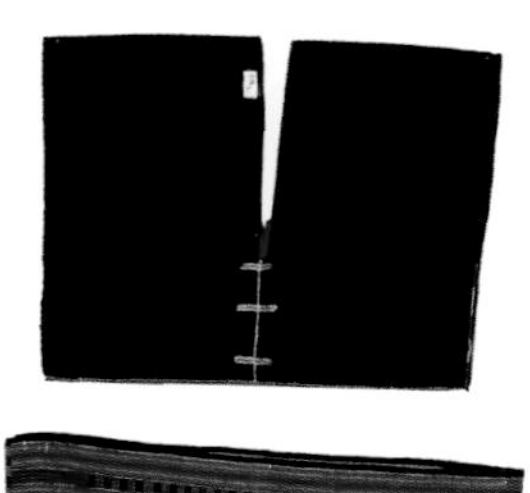

20世纪50年代西盟佤族自治县翁嘎科镇征集

发披肩，用两指宽的银箍或竹藤制的发圈，把头发拢在背后。跳舞时甩动秀发是姑娘们的绝技。妇女还喜欢戴银耳环，式样各异；颈上佩戴一至两个银项圈和若干串料珠；腰上戴有若干竹圈，有的用黑漆漆过，有的刻有花纹；大小臂间和手腕上均戴银镯，银镯的式样也很特殊；小腿上端戴有若干个竹藤制成的细圈；手指上也有戴戒指的。

二、服饰的区域形制

佤族主要分布在云南宽广的边境线上，服饰因支系、语言、居住地不同而形成不同的形制。这里讲述的是佤崩人、布饶人、佤奴姆人、罗佤人等支系服饰的不同形制与着装方式。

佤崩人，妇女上身穿黑及蓝色短衣，下穿长裙；裙用红、黑色布料制作，中间镶上白色布条；腰系白布条；包头布用红、黑、蓝色线编织而成。镇康县一带的佤崩人仍保留着濮人时代的“藤篾缠腰”习俗。佤崩人都喜挎白色挎包，挎包上常常饰有牛头纹和菜姆山形纹。挎包编织时采用顺针法，据说是表示佤崩人在历史迁徙中，走南闯北，顺达无阻。

布饶人，年轻女子喜用粉红色布作包头巾和上衣，衣袖有长有短两种；下着长裙和笼基；颈戴各色串珠或项链；手戴银镯或玉镯；足穿凉鞋或拖鞋。老年妇女尚黑色，黑布包头，黑长袖衣，黑布长裙，裙边摆处镶红、黄、白等色布条。现用银螺腰带和各种颜色的布条，替代过去以海贝装饰及藤篾缠腰的古老式样。

佤奴姆人，妇女上穿无领、无袖或短袖的黑色对襟短衣，对襟两边饰以银币或银链；胸前挂一银项圈或银片；下穿红色或黑色条纹的窄裙，腰间缠黑漆藤条或黑、红色细竹圈；小腿上端围三道细黑漆藤圈；头披长发，发围银箍，有的还包上一块黑色布，上缀有银泡及花边的头巾；耳饰大银环或银制耳塞，耳环最大者直径达六七厘米；颈戴银项圈一个或多个，料珠若干串；臂套若干个银镯，越多越显示家中的财富；指戴银戒指。

罗佤人，妇女头戴尖顶帽，用银蛋壳作装饰；上衣又短又窄，无领无袖，只遮住肚脐；衣扣多用海贝和银制作，背部衣边镶红布条，腰系饰有海贝的围腰；下穿褶短裙，裙用一幅由黑、红、白线织成的布制成；用一幅蓝色或黑色的布

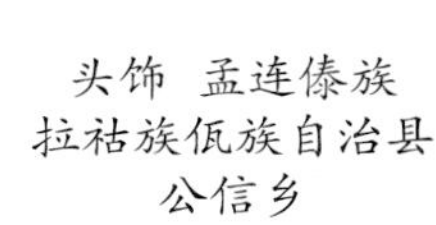

头饰 孟连傣族拉祜族佤族自治县公信乡

缠裹小腿。

佤族男子穿黑布或蓝布衣裤，包红白、黑白、红黄相间的包头。过去，佤族男子多系一块黑色遮羞布，有的穿一件黑色短上衣，有的则不穿上衣。佤族男子都喜欢文身，于胸脯刺牛头、手腕刺鸟、腿上刺山林，反映佤族对自然的崇拜。男子外出常背挎包，佩长刀或枪，既可自卫，也可作打猎和生产工具。佤族衣物所用棉布、麻布等，均为自纺自织。

服饰的民俗事象。佤族男子传统服饰大体可分为头人服饰和平民服饰两种。佤族的头人被称为“阿芒”，是首领的总称。历史上“阿芒”又分为三级，即寨子头人“格亚永”、部落酋长“格利俄”、邦国君主“鸟”。无论是部落酋长还是寨子头人，其服饰都保留着古代濮人尊贵者头裹红布的习俗。此外，部落酋长这一级头人的衣服上还饰有太阳、月亮、星星和牛头图案，以显示其身上时时有神灵的信息，又表明他们是人与神的沟通者，因为，太阳是生命之神，月亮是创造之神，牛头则是祭祀崇拜中不可少的灵物。

佤族人认为，人类及万物之魂居于头部，儿童的灵魂幼弱，抵御邪气病魔的能力较差，因此，要着重保护他们的头部，而保护头部的办法是让母亲的灵气与幼儿的灵气时常沟通。于是，特意在儿童帽子上编绣葵花、葫芦、鱼类等图案。因为佤族人将葵花视为女性的象征，鱼类则寓意母亲和母体的生殖能力。家境宽裕者，把银制饰物缝在儿童帽子上充当保护神。

竹藤圈和银发圈都是佤族妇女离不开的佩饰。佤族少女，从出生时算起，每增一岁，即在腰间或小腿处加一竹藤圈，据此即可以判断出她们的实际年龄。

沧源佤族自治县糯良乡

孟连傣族拉祜族佤族自治县富岩镇

耿马傣族佤族自治县贺派乡

1984年西盟佤族自治县岳宋乡

西盟佤族自治县勐梭镇

沧源佤族自治县糯良乡

孟连傣族拉祜族佤族自治县公信乡

耿马傣族佤族自治县贺派乡

沧源佤族自治县勐角傣族彝族拉祜族乡翁丁

沧源佤族自治县勐角傣族彝族拉祜族乡翁丁

耿马傣族佤族自治县孟定镇

彝　族

女服　20世纪80年代大姚县征集

彝族是中国西南地区人口最多、分布最广，也是历史最悠久的民族。据2020年第七次全国人口普查统计，居住在云南的彝族有5071002人，几乎遍布全省各县区，其中楚雄彝族自治州、红河哈尼族彝族自治州、哀牢山区及小凉山一带是彝族的聚居地。

一、服饰的历史沿革

独眼人时代以树叶为衣。据彝文古籍记载，彝族远古时期以人的眼睛变化来划分时代。他们的祖先曾经经历过独眼人、直眼人、横眼人三个原始社会发展进化阶段。

独眼人是彝族的第一代祖先，在考古学上相当于旧石器时代。在这个时代，彝族开始了以树叶为衣的历史。彝族著名的创世史诗《梅葛》在人类起源一章中说，当时“人有一丈二尺长，没有衣裳，没有裤子，拿树叶做衣裳，拿树叶做裤子，这才有了衣裳，这才有了裤子”。

树叶是彝族童年时代服饰文化的重要创造，在彝族社会生活中至关重要。因此，彝族人民从古至今都保留着这一服饰传统。这在历史方志中有不少的记载。如唐朝时说彝族先民“无衣服，惟取木皮以蔽形”。又说“夷妇纽叶为衣”。其实“纽叶为衣”又叫“结草为衣”，就是至今还在彝族社会中广泛流行着的穿蓑衣的习俗。

蓑衣是树叶衣的发展和延伸。蓑衣有棕叶衣、响草衣、树皮衣等。其制作工艺与原始的树叶衣相比，虽然有了很大的提升，但依然保持着原始的制作传统：不用工具，原料均为野生树叶，凭双手把一片片树叶撕开，揉顺编制而成。蓑衣穿在身上，犹如一件草制的披风，反转过来看，则是十分细密精巧的网状衣，从适用到观赏都无可挑剔。蓑衣在彝族社会中，曾有过特殊的地位和作用，成为尊贵和等级的象征。景泰《云南图经志书》载：“禄劝州罗罗，皆披毡，然次为沙草为蓑衣加毡衫外，北通事（行政长官）、把把（山官）不敢服也。”所以，蓑衣，无论制作工艺或是穿戴习俗，都有着古老而厚重的文化意蕴。

兽皮衣是与树叶衣同一时代的原始服饰。彝族在发明树叶衣的同时，也创造了兽皮衣。这在《阿细的先基》《勒俄特依》等彝族史诗中有记述：“野狗打死了，剥下它的皮，拿来围在腰上”，“身上披的有了，腰上围的有了”。从民族学资料来考查，人类服饰起源阶段选料比较宽

清代女服　20世纪50年代弥勒市征集

清代女服　20世纪50年代武定县万德镇征集

广，除树叶、树皮、兽皮等之外，天然野生物中的许多草类植物都是被选用的对象。

历史上，兽皮还多用作寿衣，以示对祖先的尊敬和崇拜。彝族行火葬，认为以虎皮裹尸火化后能变为虎。景泰《云南图经志书》载彝族“死无棺，其贵者用虎豹皮，贱者用牛羊皮裹尸，以竹篑舁于野焚之”。

战国至汉晋时期，彝族服饰已经有了“椎髻、编发”的头饰和穿披毡、贯头衣的传统。这从考古发掘和古文献资料中可以理出一条脉络。

秦汉时期，今川西南、贵州、云南境内的各族被称为“西南夷”。《史记》载：“西南夷君长以什数，夜郎最大。其西靡莫之属以什数，滇最大；自滇以北君长以什数，邛都最大；此皆魋结，耕田，有邑聚。其外西自同师以东，北至楪榆，名嶲、昆明，皆编发，随畜迁徙，毋常处，毋君长，地方可数千里。”

居住在云南境内的两大族群，无论是“耕田有邑聚”的“魋结”族群，或是“随畜迁徙，无常处”的“编发”族群，都与彝族有着密切的文化渊源。他们是形成彝族的“轴心民族”。“魋结”和“编发”作为彝族最早的服饰代表，不仅在古文献上有明确记载，而且在考古发掘文物中也有印证。汉晋时期是云南考古发掘资料较为丰富的阶段。晋宁石寨山、江川李家山和昭通霍氏壁画墓等出土的众多人物图像资料中，不仅有“魋结”和“编发”的头饰形象，而且还有穿披毡、贯头衣、对襟衣和戴斗笠的人物形象，大大开阔了考据古代彝族服饰的视野。

《史记》中“魋结”族群不分男女，均穿对襟无领外衣，长及膝，其区别是男子外衣上束腰带，中有圆形带扣，而妇女则无。男女发式大同小异，均将发叠成一髻，髻根束带，然后在髻中自上而下以带束之，但妇女之髻垂于脑后，男子之髻位于头顶，并将束髻之带两端飘扬于后，以为美观。这里，束发于顶、头插羽毛、衣后拖一尾是彝族古代服饰最为突出的三大特点。束发于顶，就是史书上的“英雄结”，即流传至今的大小凉山地区男子的“天菩萨”头饰；衣后拖一尾，即现今楚雄、红河、大理等地区妇女臀后的飘带和配饰，又称“尾饰”。至于头饰羽毛，则印证了如今楚雄、大理一带，无论喜庆节日或是婚丧嫁娶，男人跳舞时都要在头戴的草帽上插上若干支箐鸡毛的由来。

唐宋时期。彝族被称为“乌蛮”，其中又分为东爨乌蛮、西爨乌蛮和北爨乌蛮。其服饰基本

清代女服　20世纪50年代禄劝彝族苗族自治县皎平渡镇征集

清代女服　20世纪60年代楚雄市征集

沿袭着汉晋时期的传统，但已出现了地区特色和等级差别。

《新唐书·南蛮传》记载："乌蛮……土多牛马，无布帛。男子髽髻，女子披发，皆衣牛羊皮。"《蛮书》记载："邛都、台登中间皆乌蛮也。妇人以黑缯为衣，其长曳地。"又云："东有白蛮，其丈夫夫人以白缯为衣，下不过膝。"这段记载表明唐宋时期，彝族服饰不仅有了地域的差异，而且不同支系的服饰在服色和款式上都有了各自的特色。

《通典》记述云南乌蛮："男子以毡披为帔。女子絁布为裙衫，仍披毡披以帔。头髻有发，一盘而成，形如髽，男女皆跣足。"南诏统一后，彝族服饰上的贵贱已经显露了出来。《南诏野史》载："黑罗罗……男子挽发贯耳，披毡佩刀。妇人贵者衣套头衣，方领如井字，无襟带，自头罩下，长曳地尺许。披黑羊皮，饰以铃索。"

南诏是以彝族先民乌蛮为首，广泛吸纳白蛮等建立起来的地方政权，各级官员服饰都有严格的规定："其蛮，丈夫一切披毡。其余衣服略与汉同，惟头囊特异耳。南诏以红绫，其余皆以皂绫绢。其制度取一幅物，近边撮缝为角，刻木如樗蒲头，实角中，总发于脑后为一髻，即取头囊布包裹头髻上结之，然后得头囊，若子弟及思君罗苴以下，则当额络为一髻，不得戴囊角；当顶撮髽髻，并披毡披。俗皆跣足，虽清平官大军将亦不以为耻……又有超等殊国功者，则得全披波罗皮（虎皮）。其次功则胸前背后得披，而阙其袖。又以次功，则胸前得披，并阙其背……妇人一切不施粉黛。贵者则以绫锦为裙襦，其上仍披锦方幅为饰。两股辫其发为髻。髻上及耳，多缀真珠、金贝、瑟瑟、琥珀。贵家仆女亦有裙衫，常披毡及以缯帛韬其髻，亦谓之头囊。"（樊绰《云南志·蛮夷风俗》）

元明清时期，彝族经过南诏统治以后，政治经济都有了很大发展，从古代半农耕半游猎的生活逐步定居下来，形成"大分散、小聚居"的分布格局。由于特殊的地理环境和历史原因，出现了不同的地域文化；反映到服饰上，就是支系不同，服饰就不同。这在明清以后的文献中反映得非常突出。特别是康熙以后，兴起了地方志的修纂活动，省志、州志、县志纷纷修成，其中都不同程度地记载了彝族服饰的地域特色。

元代，彝族服饰基本上是保持唐宋时期的风格传统，变化不大。

女服　20世纪80年代文山市征集

明代，彝族服饰有了很大的变化。特别是明代中期改土归流以后，大量汉族迁移云南，使得彝族服饰注入了不少汉族文化元素，呈现出千姿百态、各有千秋的局面。这种局面越到后期越明显。景泰《云南图经志书》载：曲靖彝族“男子椎髻披毡，摘去须髯，以白布裹头，或里毡缦竹笠戴之，名曰‘茨功帽’，见官长贵，脱帽悬于背，以为礼之敬也。胫缠杂毡，经月不解，穿乌皮漆履，带刀背笼”。沾益彝族“妇人蟠头，或披皮，衣黑，贵者以锦缘饰，贱者披羊皮，耳大环，胸覆金脉甸”。楚雄彝族“男子髻束高顶，戴高深笠，状如小伞。披毡衫衣，穿袖开袴，腰系细皮，辫长索，或红或黑……妇人方领黑衣，长裙，下缘缕纹，披发跣足”。可见明代云南彝族各支系服饰已越来越显示出地域差异，但仍保持着椎髻、黑衣、披毡的民族特点。

进入清代，彝族已从半农耕、半游猎的生活中基本定居下来，形成了“大分散、小聚居”的分布。由于历史地理条件的不同，彝族社会发展出现了不平衡的现象，到民国年间，直至中华人民共和国成立前夕，服饰的发展受社会经济、思想文化的影响很大。因此，此间彝族服饰呈现出不同支系、不同地域的格局。这种格局在康熙以后兴起的地方志文献资料中多有记载，尤其是民国年间的各州、县志中记载更为详细。将这些地方志文献资料分滇西、滇中、滇南、滇东四大片区归纳起来，我们可以看到彝族服饰此时已呈现出种类众多，支系繁复的情况。

二、服饰的区域形制

彝族人口众多，分布地域宽广。支系不同，其服饰就不同，即使同一支系，也往往因居住地不同而服饰各有千秋。彝族服饰形制在中国少数民族乃至全世界民族中都是绝无仅有的。要记述所有的服饰形制，无论是资料的收集或是篇幅的容量都有局限。这里只能将其分为小凉山、楚雄地区、滇西、滇中、滇南、滇东北六个地域片区，每片区中择其一二种有代表性的服饰作介绍，以此体现其类型的风格特点。

小凉山地区　历史上，把四川的西昌地区称为大凉山，彝语叫“长吟”（即上部之意）；云南的宁蒗、中甸、永胜、华坪、永仁、元谋一带则称为小凉山，彝语称“克吉”（即下部之意）。可见大小凉山是指上下两个地区。小凉山地区由于山高壑深，交通不便，与外界交流甚

民国女服　20 世纪 60 年代弥勒市征集

民国女服　20 世纪 60 年代元阳县征集

少，服饰较多的保留着古老服饰的传统。其共同特点是：厚重、朴实、保温、耐用且崇尚黑色，反映出高寒山区和古老民族文化的特征。

宁蒗彝族服饰。男子服饰，头缠四丈多长的青布包头，左角上向天伸出“天菩萨”。天菩萨又称指天刺、英雄髻。它是用帕将一小绺头发竖立包起，再用黑线和红线包起的头发捆扎成拇指头粗细的长锥形伸向头顶右前方。彝族视其为天神的代表，是男性灵魂居住的地方。它能主宰一切吉凶祸福，故神圣不可侵犯。天菩萨既是男人尊严的象征，又是悍勇的标志，别人不能轻易去摸。

披毡，彝语称“擦尔瓦”，无领子和袖子，好像一口钟。其制作方法有编织和捶打两种，是彝族的手工绝技。披毡的保温性能很好，夜间以其为被盖，白天用此为衣服。不论干地水地，家居野宿，皆可缩头蜷身于其中，裹之而睡。雨天还可以避雨，晴天又可以蔽日，故彝族男女老少皆视之为“宝具”。

纹饰。男子成年后，通常是将胡须拔掉，一根不留，以无须为美。胡须不用剃刀刮去，而是在空闲时一一拔之。男子还有穿耳的习俗，有钱人家戴黄色、红色的耳珠，或戴珊瑚、玛瑙四五粒；贫者只穿一黑线。富者手腕上带着银镯，贫者戴铜圈。

妇女服饰。妇女上装一般是对襟大褂短衣，袖口通常镶有三四节各色花布为边。衣领较高，领口镶有银质或铜质领花。每到寒冬季节，她们便在外面披上一件黑色单层或双层的披毯。妇女不分等级，也不分老幼，均穿曳地的百褶裙。裙子分上、中、下三节。未婚女子穿红、黑、白三色；已婚女子穿黑、红、白三色。有钱人家的裙子多为布制，裙衣席地，愈富者愈长，裙褶也愈多。贫穷人家的妇女只穿自己手织的羊毛裙，比较粗质短小。

妇女都喜欢在百褶裙上垂挂一个制作精细，形状特殊的绣袋。绣袋用红、黑、黄、绿四色布做成，形状似三角形，刺绣简单；袋下垂飘带三条，飘带一般不绣花，而是用色布拼成图案。绣袋多数用来放钱物，抽烟者也用其放烟草烟具。绣袋既是放随身物品的容器，也是彝族妇女的一种装饰。

妇女的头饰有已婚和未婚的区别。已婚的梳双辫，盘于顶上，戴黑色荷叶形布帽。未婚者梳辫三根，一根垂于脑后，两根垂于头下两侧。亦戴头巾，头巾多用二至五转红色线。头巾的戴法

贴花女服　20世纪80年代西畴县征集

女服　20世纪80年代姚安县征集

也有已婚和未婚的区别：未婚者头巾扎成三方，垂于脑后；已婚妇女的头巾则扎成四方。婚后已生子女的妇女则戴帽，与未生子女的已婚妇女有区别。

楚雄地区　楚雄彝族自治州因地处滇池和洱海之间，是古代彝族辗转迁徙之地。因此，彝族支系众多，服装款式多达数十种。其共同特点：衣襟、领口、衣袖、裤脚、围腰、鞋帽、挎包和背布等都绣有各种精美的花边图案，五光十色，艳丽多姿，与相邻的凉山地区服饰形成截然不同的风格。

昙华山服饰。昙华山是大姚插花节的胜地，也是“咪依噜”的故乡，其服饰有着古老而神秘的传统。

男子服饰。过去仅以麻布或火草毯一床裹身，白天做衣，夜晚当被；现在仍继续保持穿羊皮褂的习惯。羊皮褂在彝族各个支系中，是较为普遍的一种服饰传统，甚至作为姑娘的嫁妆之一。进入现代社会后，羊皮褂依然不离身。这倒不是因为羊皮褂很美，而是羊皮褂有着其他衣服所代替不了的保暖、耐磨耐用和防潮湿的功能，且历史久远，具有图腾文化的深厚含义。所以，羊皮褂在彝族服饰中，无论制作工艺，或是穿戴习俗，都颇具特色，是服饰文化研究中不可忽视的内容。

妇女服饰。基本保持古老的传统，但更注重挑花刺绣和艳丽的色彩装饰。未婚姑娘编辫垂于两肩，内戴银泡小帽，外包绣花包头帕。银泡小帽以黑布为底的无顶圆形布袋做成。帽上用的银泡112颗镶成前三后二的平行纹路，再用银泡串或九条小串珠镶钉在帽前檐，耳际两边又垂下一串同样大小但稍微加长的串珠。佩戴时，将帽檐口大者在下，口小者在上，顺头往下拉，小帽便与头型自然相附。银泡和串珠垂于额前，闪闪发光。

包头帕用黑布做成。布为方形，四角绣有花纹。花纹以八角花最多，此外还有马缨花、牡丹花、菊花和几何图案。一般都是先用绣线将图案绣制在另一块布上再贴缝到包头布的四角。包头时，彝族妇女巧妙地将头帕对折，再行包裹，最后四角均露在外，头顶和头的左右两边均有图案作装饰，远远望去，整个头上花枝招展。

老年妇女则不戴银泡小帽，而且头发也不编辫，而是挽于头顶，包上黑布或黑纱一条，外面再包方形头帕一块，也绣花，但图案、色彩都不如青年人的艳丽鲜明。

妇女上衣为右襟短衣，衣袖较窄，袖肘及袖

民国女服　20世纪60年代元阳县征集

女服　20世纪80年代牟定县征集

口、衣肩、前胸，均绣图案花纹或用色布贴缝装饰。其中，衣肩的图案曾引起学者的注意。有的认为是蟒蛇纹，而笔者认为是藤条纹。无论是蟒蛇纹或是藤条纹，都是对远古图腾意识和自然环境的客观反映。

妇女腰系“凸”形围腰。围腰以黑布为底，周边均有三至五厘米的狗牙花作装饰，紧连狗牙花的内边沿绣有十五厘米左右的其他花朵，上方较窄小的部位则是一个绣制更为精细、色彩更为鲜明的完整的组合图案。围腰上方的两角钉有银制的吊兰或虎头形挂环。环上系银链一根，银链很长，一般都有小铃铛或小鱼、小锁之类的装饰。围腰中间两角钉有系带，带端有飘带，飘带上的图案更为精细。图案内容往往寓意着彝族妇女的向往和追求。围腰最下角则有红、黄、绿色线穗。围系时，妇女们先将银链往脖上挂好，调节好高度，然后双手将中间左右两角的系带往身后一围，最后在腰后打结，两根飘带正好垂于臀部。这大概是高寒山区服饰又一特点。

妇女出门，均要背一个挎包。挎包用黑布做成，方形。挎包正面绣有完整的组合图案，如牡丹花、马缨花等。有的还将八卦图变形后绣为中心图案。挎包是彝家妇女刺绣的绝技，一个挎包绣成，不知道耗去妇女的多少心血。所以，挎包往往也是姑娘送给情人的珍贵礼物，受到小伙子的喜爱和珍惜。

滇中地区　昆明地区彝族服饰。石林是一个彝族自治县。彝族以撒尼、阿细和阿哲三个支系为代表，其服饰特点是：明快大方，工艺简洁，色彩对比强烈，虽有挑花刺绣，但只集中于特殊部位的装饰，其他部位一般都不绣大红大绿的满地花。

撒尼服饰。撒尼自称“撒尼泼”，他称撒尼、撒梅、明朗。撒尼人分布于石林、泸西、宜良、弥勒等县，而撒梅和明朗则居住在昆明市西山和官渡两区。他们语言相通，服饰却截然不同。

该服饰明快大方，具有民族情趣。尤其是妇女服饰，无论是包头、大襟衣、围腰，或是披衣，都有特殊的工艺。特别是童背，刺绣精美，光彩夺目。

包头，彝语称“窝耳结”，以一块薄木片为衬圈，衬圈内外裹以黑布为底的五色面子。五色面子的边缘镶嵌银泡或玻璃小珠，并于两个接头处缝上黑色缎子，作为裹头和兜头用。未婚姑娘于包头内侧的左右两边各插一块两面绣花的三角形蝴蝶块；已婚妇女，一块收藏，一块平放于

挑花男上衣　20世纪80年代罗平县征集

挑花女上衣　20世纪80年代师宗县征集

顶。中老年妇女的包头只用红、黑二色，青年妇女用多色。这种多色包头，传说是为了纪念古代一位撒尼姑娘自焚殉夫并与其共同化为彩虹而仿彩虹制作而成。所以，撒尼姑娘自幼就学习绣制包头，长大后包头制作水平的高低，被视为忠贞爱情程度的象征。

大襟衣，短圆领，黑底镶狗牙形彩色花边。长袖子，单向襟。单向襟向右开口，从上领扣起镶一块黑底胸襟大花边。袖口黑底两边绣成扣花纹。黑底面的中部镶一条翠绿色的花纹，把袖腰黑底面分作两段。袖口绣狗牙状边。衣长过膝，多用蓝、白二色为料，有的用青色布在衣的上半截另行拼接，加之衣襟黑底花边装饰，整件衣饰色彩丰富、明快、大方、和谐。

围腰，用青、绿色或淡红色布做成，有的绣花，有的不绣花。围腰两端的上边缘配有两条长带，系紧围腰。绣有花纹的布带俗称飘带，其图案花纹有蜜蜂、蝴蝶等动物，也有各种山水、花卉，一般采用白底黑线挑绣。飘带的顶端呈三角形，图案极为美观精致。围腰的堵头另有一条花布装饰，称兜头花布。

披衣，彝族多居山区，畜牧以牛羊为主。羊皮披衣自古就是彝族服饰的传统。现代撒尼妇女的披衣，如同羊皮披衣一样，披于身后，但它是用绣花宽布带斜胸部而挎于腰背一侧，以另一方形花面黑底围腰系于腰间。披衣呈方形，讲究者还用绵羊皮夹在里层，上端露出二指左右宽的白色羊毛。披衣上方的两个白色襟角处各有一块梯形布块，以此作为披衣和宽条布带连接的媒介。披衣因是斜披于腰间，其中一块图案刚好在左胸前的下方显露，而另一块图案则在后背中间展开。同时，披衣系带顶端也同围腰的系带一样，依然有两块绣制精美的飘带打结后垂于前面腰际间，使得衣饰前后呼应，素雅大方。

挎包是男女都喜爱的佩戴物，又因为是女性赠送情人的礼品，故做工尤为精细。挎包多用麻布做成，正面绣有精美的图案。下沿用黄色或红色丝线穗装饰。

童背是撒尼妇女倾注毕生心血寄托于子女的象征。童背四周用黑布或青布镶宽边，中间为正方形的刺绣图案。图案内容丰富，绣制精致美观。

阿哲服饰。阿哲主要分布在弥勒、石林、华宁、建水、通海等地。因地区差异，服饰亦有所不同，这里仅介绍弥勒阿哲人服饰。

阿哲妇女头戴丝帕，丝帕两端即边沿绣有花

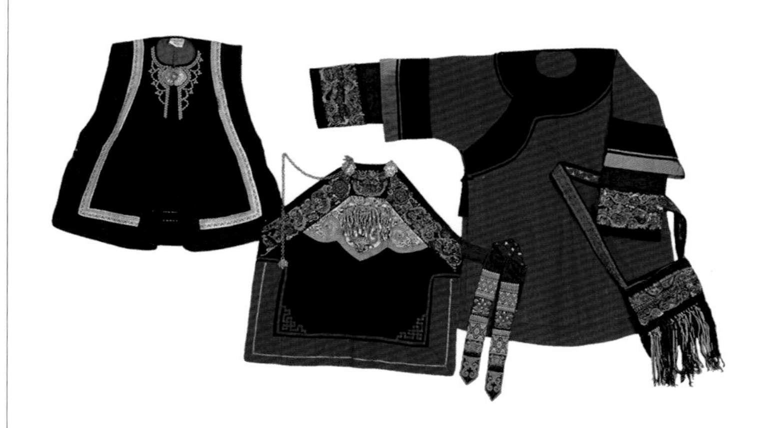

民国女服 20世纪60年代弥勒市征集

民国绣花围腰 20世纪60年代弥勒市征集

纹图案，以丝绒或彩线捻成垂须，扎成束状流苏，帕上系银蝴蝶牌，牌上钩挂响铃，用丝条编结成串，系于丝帕正面。丝帕外裹头巾。头巾为正方形，中央绣花纹，四周钉银泡两行成狗牙形。头巾的对角，一角钉银链两根，另一角缝接土布飘带三条，二蓝一白。戴时将飘带绕于头上呈三角形。上衣用蓝、白、绿等色布为料，短襟、高领，另有一条与高领齐的假领，分层钉满银泡，缀成图案，平时可摘下。上衣镶花纹图案，分满镶和半镶：满镶是袖口、衣襟边均以黑布镶绲，前后衣襟四角相拼呈鱼鳞状的折叠，成为三角形；半镶则是在衣尖上围半圆形托肩，托肩上绣花。少妇和新娘衣为满镶，中老年妇女多为半镶。

围腰，圆头方摆，护心绣灵芝花，周围钉银泡，镶鳞边，下角镶绲云头纹，围腰用黑布或青布做底，“飘带”尾部有挑花图案。腰带，绣花纹图案，银角半圈镶边。

裤子，多蓝、白、绿色，裆浅、管小，裤脚镶黑绿色边。出嫁女在裤裆上缝一块黑布，以别婚否。裤带用布料缝制成管状长带，两端用绿色、紫红色线绣花。

阿哲妇女，从少到老，服饰变更多次，四十岁以上穿着朴素，头顶汗巾或深蓝色布帕，衣服宽大，不刺绣不镶边。

阿哲男子，穿着较为单一，多用深蓝或黑色布料制作。老年穿大襟衣，中青年穿对襟衣，配布裤带。手戴银镯，脚穿布鞋。青年上衣外罩对襟褂子，有用黑布和翠蓝色布制作的，也有用金丝绒做的，用银角做纽扣。

寻甸彝族服饰。戈濮支系中一直保留着穿白麻布或羊皮衣服的习惯。男子穿四幅齐的对襟宽袖长衫，用宽的绒毛呢做长腰带，围腰三匝。面前留下长齐脚掌的飘带，套上毛呢领褂。头戴五圈以上青布套头。青布绑腿，脚穿细耳麻草鞋。四幅齐的宽长裤，打褶系腰带，外披一件披脚毛羊皮褂或羊毛毡。手戴银或铜的圆手镯。女性服饰是四幅齐长衣，分别在胸前和臂后套上绣的毛呢花板，用绣花布或印花布做的大袖套小袖。未婚者穿白布筒裙，已婚者穿青布或灰布花的褶裙。头箍用毛呢或布条裹成大小两个圆圈，固定在一起，再裹上一层红色毛巾，边缘垂细丝飘带。老人戴铜或银的大耳环，青年戴瓜子形或椭圆形的银链耳坠。

滇东北地区　师宗、富源、罗平等地彝族男子常穿绣满各色花案的麻布坎肩，衣襟镶蓝布白

男式坎肩 20世纪60年代
弥勒市征集

民国女外褂 20世纪60年代元阳县征集

挑花男式坎肩 20世纪80年代
楚雄市征集

花布大襟长衫，黑布缠腰数围，行路时，常将长衫下端一角撩起，别于腰间。妇女服饰多为大襟、宽袖、围腰、长裤。罗平地区多穿绣花白麻布衣，姑娘们喜欢穿胸前中分两色的大襟短衣，即左为整块深蓝布，右为白细布，拼缀而成；领围有大团织绣或桃花图案，右肩为蓝布，双肩满绣对称花案；方围裙齐腰，绣桃花图案，可谓花团锦簇，五彩缤纷，并有上下两房彩线垂穗以及两条挑花布条分垂左右，围腰系带飘于后。头饰两种：一是包头针蒙一块红色挑花绣巾，前额佩戴“银勒”，有蝴蝶、龙凤或流苏等银饰，头顶饰以两条挑花布带，朝后披至颈端，另垂红、黄、白等绒线一缕。中年以上妇女，为清一色蓝布大襟短衫，花案简朴大方，领襟、双袖用黑布条缝缀；系花围腰，戴黑布大包头。师宗地区青年妇女穿绣花对襟坎肩，挑花长围腰；头戴白细料珠，两大簇红绒线瓔珞，分列左右，并用彩色料珠编织的宽带系勒住下颌，长发分披于后。

黑彝是彝族上层，其服饰以青黑色为尊贵。黑彝妇女服饰很考究，姑娘出嫁前，都要做一裳镶绣精美的服装，供出嫁时和节日时穿着。描龙绣凤，巧夺天工，价值也很昂贵，用尽姑娘的心血和本领。服饰由四部分组成，即按土司府中流传下来的龙裙、虎裤、凤冠、霞帔制成。龙裙为青蓝底，饰以红、黑、黄、白诸色花案，明亮金线绣上龙凤花草等吉祥图案，裙围有红丝线摆坠吊须；虎裙为青蓝灰底、红黑绲边的宽腰长裤，膝以下镶以各色花边；凤冠，即头饰，用布壳制成套箍，镶绣花纹图案，裹边，前有银器类饰物若干，排列考究，错落有致，顶部及后面有红色毛线泡花十二朵，飘飘扬扬；霞帔如披风，系于后，上平于肩，下垂于臀，青蓝底，绣饰各色金边图案，富丽堂皇。穿上彝家姑娘的服饰，银器相交，声音铿锵，观之如霞光洒照，雍容华贵，既古朴典雅，又赏心悦目。彝族妇女的鞋子也洒绣花纹，名曰“板尖鞋”，形如龙舟，瑰丽奇巧。

滇南地区　滇南地区以红河哈尼族彝族自治州为主，也包括普洱市、西双版纳州境内的彝族。居住在这里的彝族，支系较多，服饰有80余种款式，装饰复杂，色彩艳丽，挑花刺绣为服饰的主体工艺，极为精细美观。其服饰有“烧通一个洞，绣上一朵花”的传说，显示着青年男女谈情说爱的特殊风俗，素有“花腰彝”之称。

石屏彝族服饰。石屏龙武、哨冲一带的彝族，被称为“花腰彝”，因其妇女的服饰，从头到脚几乎都是用精美的挑花团组成，且形制特殊，工艺精

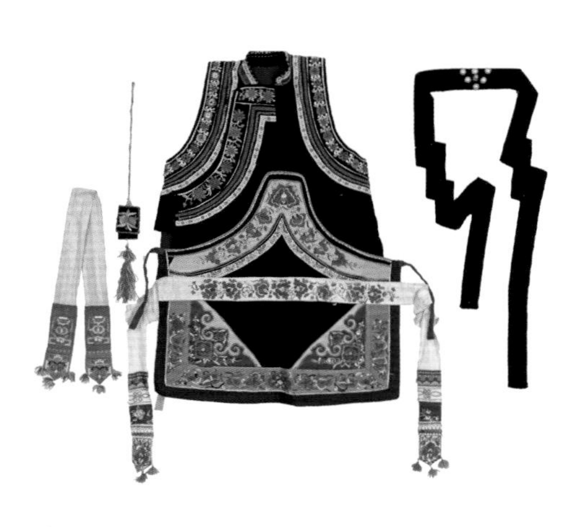

清代绣花披肩　20世纪50年代禄劝彝族苗族自治县皎平渡镇征集

四方八虎图裹背　20世纪80年代武定县发窝乡征集

清代绣花围腰　20世纪60年代牟定县征集

湛，特别是腰部的装饰有独特的风格。

妇女服饰用三块颜色不同的布料拼接在一块方形蓝色或白色的底布上，配有两条带子。前额和脑后高翘的布块绣有图案，布料外层常用红色，内层常用绿色或蓝色，下有用红、黄、绿、白等彩色系线制成的流苏状垂缨，顶端则为红色系线坠。戴时将布块折叠成帽状，用布块上的两条束带系好，带子缨须下垂耳旁。

花腰彝妇女穿有尾摆的右衽襟长衣，外罩托肩、领褂，腰带通过领褂下沿缠绕系紧，穿着方式复杂。长衣制作工艺精细，衣长及膝，前后襟带绣花朵。长衣多用色布拼接而成，一般用黑色为底，肩部蓝色或绿色，袖为绿色，袖口处为黑色，扣接处绣白色狗牙花为饰，袖与肩部绿色布相接处有刺绣图案。褂子，黑色做底，两襟前后几乎都布满桃花图案。图案布局，前后则为纵式地饰，后背中心大多呈长方形，前胸则有四条等宽的条形图案，两襟图案上钉有密密的银纽扣，纽扣只作装饰。年轻姑娘的褂子，胸前饰有月亮，领围上多绣有太阳花。腰带长宽度以自身腰围大小而论。腰带上绣图案花纹，从后拉向前，于腰间做扣。扣为银币，一般三枚为宜。腰带下有肚兜，同样刺有精美的图案，肚兜下沿和中心部位用银币扣钉成横排作装饰。穿时，先将肚兜挂于腹部，再用带子系悬于脖颈。长衣穿上后，前两条长襟折叠起来用腰带束紧，后襟则任其垂下，然后罩上花饰多样的短褂，束上配有腰带的围腰即可。围腰由两块的图案组成，图案内容丰富，绣制精美。系法是将两块平行系于后腰间，女子将上衣后襟的黑底部遮住，使其露出后襟上的全部花纹。这样，整个腰间，特别是后腰部，都是花团簇拥，耀眼夺目。裤子，黑色，裤脚用异色布料镶宽边。

滇西地区以巍山为中心，包括大理、保山、临沧等地州的彝族。这一地区因受白族文化的影响较大，历史上又是南诏国的发祥地，所以服饰色彩丰富，款式多样，缝制工艺精细，有较多的银制品和刺绣图纹作装饰。虽然支系之间存在着差别，但从整体上说，风格趋于一致。

巍山彝族服饰。巍山是南诏王族的发祥地。位于大理洱海盆地之南。彝族分为腊鲁、迷撒和格尼三个支系。腊鲁支系是最早进入巍山境内的居民，现今大多数居住在巍山坝子的东山；迷撒支系是唐初贞观年间从永昌（保山）迁来的，主要居住于西山。

腊鲁支系的彝族，其服饰以多雨村和麻秸房

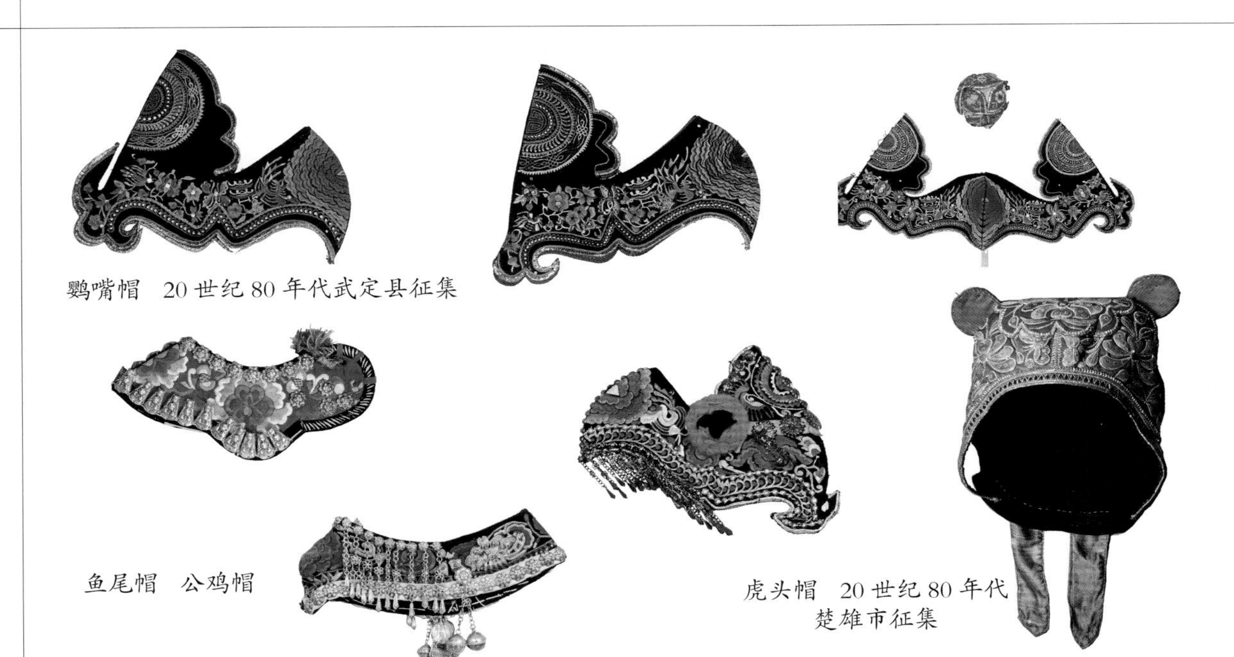
鹦嘴帽　20世纪80年代武定县征集

鱼尾帽　公鸡帽

虎头帽　20世纪80年代楚雄市征集

两个村寨最为典型，其特点是精致、美观、艳丽多姿。仅以小孩的帽子而言，就有鱼尾帽、小瓢帽、银鼓帽、花帽、搭耳帽等几十种。但无论哪种帽子，都绣有花草、树木、龙凤之类的图案，镶着闪亮的银首饰，十分逗人喜爱。小孩的衣服式样也很多，大都由红、蓝、绿、白几种颜色的布料缝制而成，红绿交织，蓝白相衬，非常艳丽，颇为漂亮。

姑娘通常头戴银鼓帽，耳坠银耳环，身穿蓝领褂，腰系花围腰，下着绿色裤，脚踏绣花鞋，背挂圆裹肩。整套服饰花团锦簇，似开屏的孔雀，令人眼花缭乱，美不胜收。

银鼓帽是姑娘的心爱之物，其制作工艺极为精巧。帽上绣有二十四朵小花，镶有九十六颗银鼓钉，帽前有许多小铃串，正对前额处镶有绿宝石一颗，有的两侧还有若干串珠，一直垂到胸肩。少女们还戴一种鱼尾形的瓢帽。瓢帽用黑布做成，帽顶插花一束，帽后钉银制、珐琅银制或麦秆草染色编制的菱角吊数串，垂于头后。瓢帽形如金鱼，鱼头鱼身为帽，鱼尾多岔开为护额，故又称鱼尾帽。姑娘结婚后就不戴帽子，改为戴“抹额”。“抹额”是一种用黑丝绸或黑布制成的包头帕子，上钉有银制的鼓钉，鼓钉上镶嵌红色宝石，一般有两层花饰，称为帽花。妇女们在戴“抹额”前，将头发编为辫，绾于头顶成宝塔形高髻。高髻顶端露于“抹额”之外，插上“别子”作装饰。“别子”用银制成，尾垂吊着四串绣珠，每串绣珠上有两个灯笼、两个响铃和小鱼。有的妇女，还在“抹额”的最外层饰以银串珠、亮珠或银制、珐琅制的“荞角吊”数串，使得整个头饰琳琅满目，晶莹耀眼。

妇女上衣为右衽大襟，前短后长，领、袖及襟边都镶以多层宽窄不同的花边。花边系用彩色金丝瓣或自绣的民族花纹做成。外罩齐腰的短领褂。领褂也如同上衣一样镶着色彩鲜艳的花边，还绣有牡丹花或五色樱花，边沿加钉多层银鼓钉。上衣和领褂，多以翠蓝、天青蓝、漂蓝、绿、翠绿、漂白等色之绸或棉布缝制，少数亦以黑布制成。式样典雅，色彩鲜艳，美观，艺术。腰前方系围腰布，多用黑布做成，长方形，下脚和两侧边沿亦用金银丝瓣和民族绣带绲边，中绣有图案。图案内容有串枝莲、柿子花、牡丹花、太阳花、狗牙花及丹凤朝阳、凤穿牡丹等。妇女穿大脚裤，多用绿色、粉红色或白色的绸缎或棉布制成，少数也用黑色布料制作。鞋为绣花凤头尖鞋。鞋尖高翘如凤头，鞋帮上满绣花纹图案。

绣花围腰

虎头帽

绣花彩线重重堆叠，线条几呈半圆形。鞋后跟上，钉有飘带头，上绣花，方便于脱鞋穿鞋。

彝族妇女的裹背，是一件颇具地方特色的饰物。裹背为圆形，以白色羊毛擀制而成，内外两层，中可盛物，外层靠上方部位绣有两朵太阳花或八角花纹，花纹为黑色。白底黑花，对比强烈，排列对称。上方内层边沿上钉有两根带子。带子用红布或绿布做成，上绣几何纹。带子的顶端有飘带两条，刺绣云纹、狗牙纹和山峦、花卉等。飘带顶端还有彩色缨穗，使其更加精致典雅。裹背为妇女用物，除能保护后腰外，还起特殊装饰的作用。

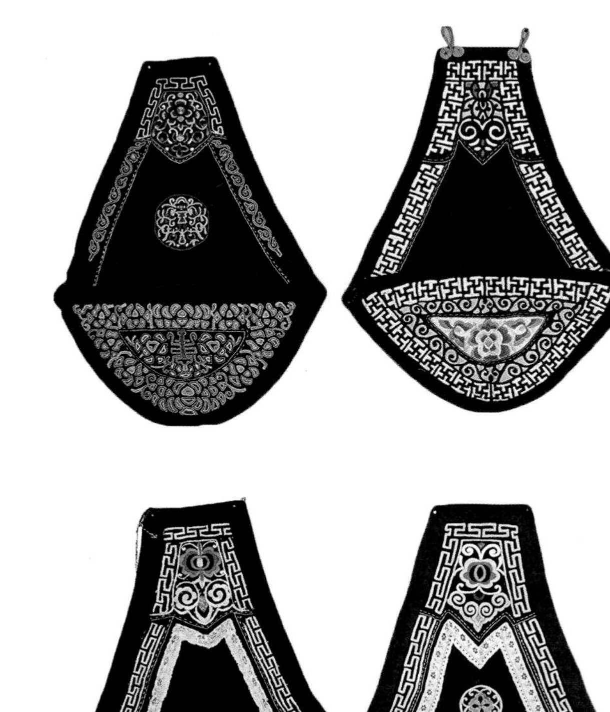

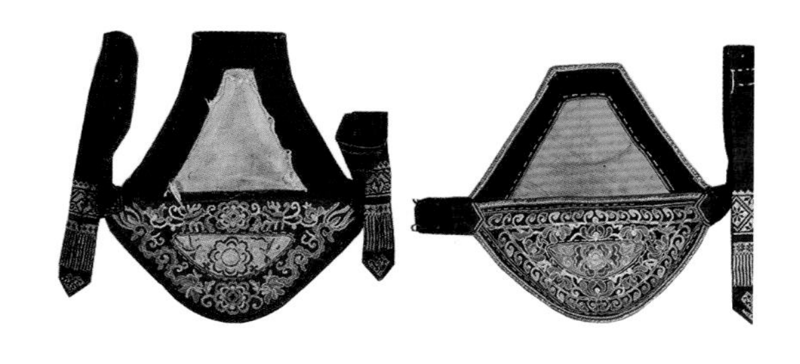

绣花兜肚

绣花围腰

披风

麂皮包

绣花挎包

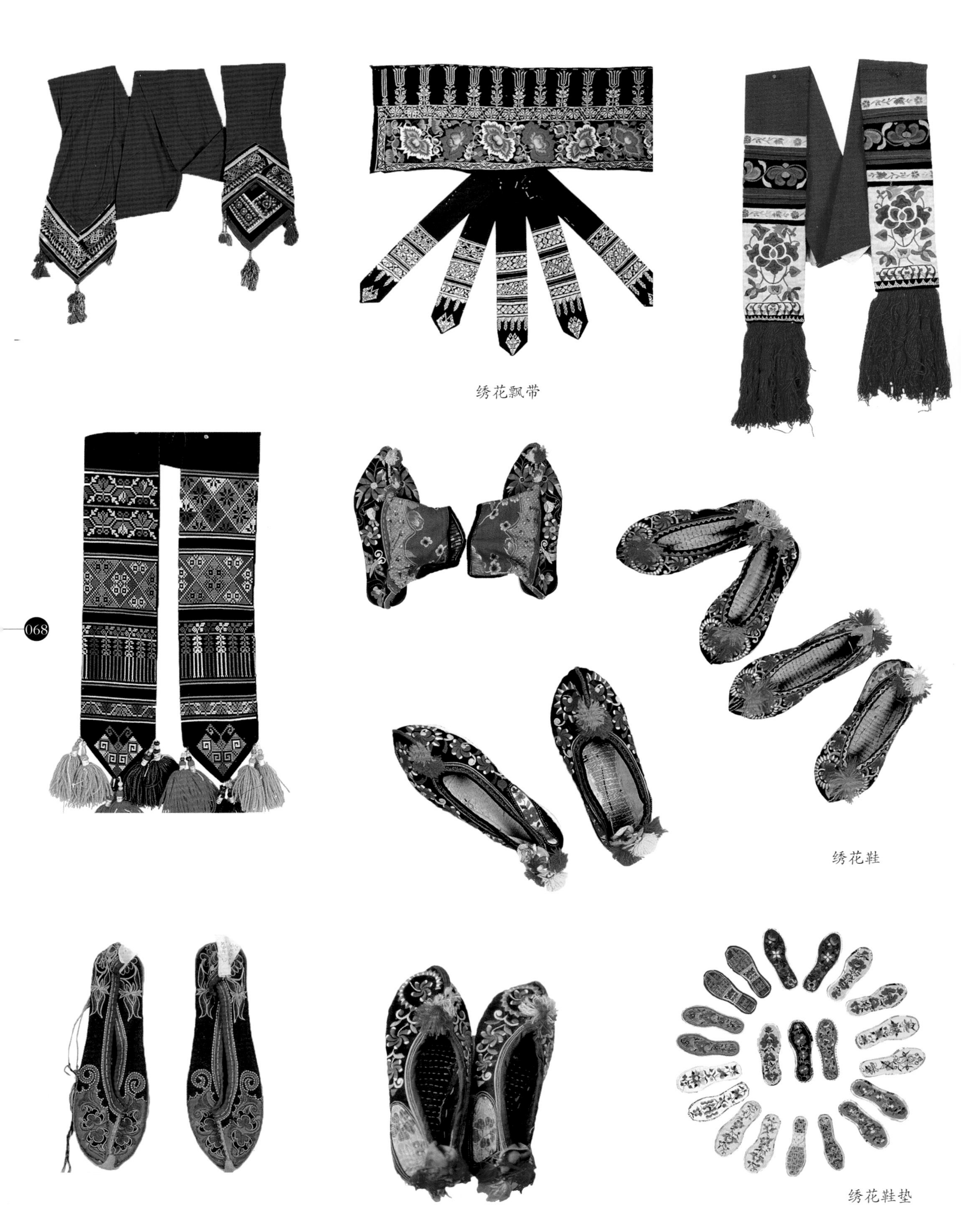

绣花飘带

绣花鞋

绣花鞋垫

披风 20世纪90年代元谋县凉山乡征集

20世纪80年代永仁县永兴乡征集

20世纪90年代兰坪白族普米族自治县啦井镇征集

20世纪80年代香格里拉市征集

姑娘装 20 世纪 60 年代华坪县征集

永胜县羊坪彝族乡

兰坪白族普米族自治县通甸镇

20 世纪 80 年代鹤庆县征集

20 世纪 90 年代祥云县征集

20 世纪 80 年代巍山彝族回族自治县征集

女服　20 世纪 90 年代景东彝族自治县征集

永德县乌木龙彝族乡

1997 年鹤庆县

永德县亚练乡

巍山彝族回族自治县

巍山彝族回族自治县

武定县高桥镇

20 世纪 80 年代永仁县中和镇征集

20 世纪 90 年代姚安县马游征集

20 世纪 90 年代南华县马街镇征集

20 世纪 80 年代武定县征集

20 世纪 80 年代武定县征集

20 世纪 80 年代南华县兔街镇征集

20 世纪 90 年代大姚县昙华乡征集

20 世纪 90 年代大姚县桂花镇征集

寻甸回族彝族自治县鸡街镇

大姚县三台乡

永仁县中和镇

永仁县中和镇

禄丰市高峰乡

南华县兔街镇

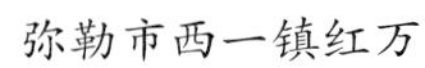

弥勒市西一镇红万

晋宁区双河彝族乡

寻甸回族彝族自治县鸡街镇

峨山彝族自治县双江镇

昆明市官渡区大板桥镇一朵云

20世纪60年代师宗县征集

2000年蒙自市征集

20世纪90年代弥勒市征集

20世纪90年代砚山县干河彝族乡征集

20 世纪 70 年代石屏县哨冲镇征集

20 世纪 90 年代开远市碑格乡征集

20 世纪 90 年代弥勒市东山镇征集

20 世纪 80 年代元阳县征集

20 世纪 90 年代麻栗坡县新寨乡征集

20 世纪 80 年代蒙自市征集

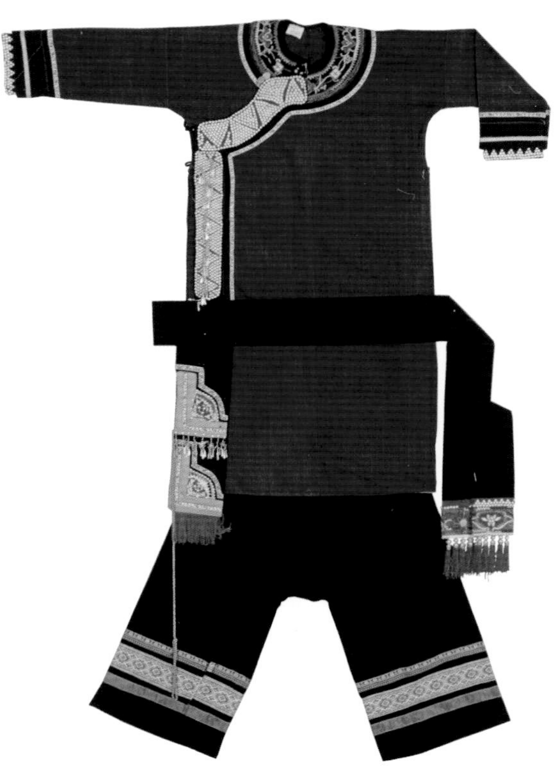

20 世纪 80 年代墨江哈尼族自治县征集

20 世纪 90 年代绿春县征集

20 世纪 60 年代宁蒗彝族自治县征集

20 世纪 90 年代丘北县树皮彝族乡征集

20 世纪 80 年代弥勒市征集

20 世纪 70 年代麻栗坡县新寨乡征集

富宁县木央镇

麻栗坡县新寨乡

丘北县舍得彝族乡

20 世纪 80 年代弥勒市

金平苗族瑶族傣族自治县者米拉祜族乡

1990 年绿春县

个旧市卡房镇

金平苗族瑶族傣族自治县马鞍底乡

金平苗族瑶族傣族自治县者米拉祜族乡

金平苗族瑶族傣族自治县马鞍底乡

石屏县哨冲镇

20世纪90年代曲靖市征集

20世纪90年代东川区阿旺镇征集

1995年东川区红土地镇征集

20 世纪 90 年代寻甸回族彝族自治县征集

寻甸回族彝族自治县六哨乡

寻甸回族彝族自治县六哨乡

曲靖市麒麟区珠街乡

曲靖市师宗县

哈尼族

女服　20世纪70年代勐海县格朗和哈尼族乡征集

哈尼族是历史悠久、文化古老的民族。据2020年第七次全国人口普查统计，居住在云南的哈尼族有1632981人，绝大部分集中分布于元江、澜沧江两江的中间地带。这一地带也就是哀牢山、无量山之间的广阔山区。哈尼族支系繁多，有多种自称，其中哈尼、卡堕、雅尼、豪尼、碧约、白宏、尼等七个支系人数较多，另外还有奕车、糯比、期的、各和、哈欧、西摩洛等自称群体。1949年以后，根据本民族的意愿，以“哈尼”统称。

一、服饰的历史沿革

哈尼族唐朝时被称为“和蛮”，即哈尼人，是南北朝以后从原来的僰人、叟人、昆明族群中分化出来的群体。元代的文献资料中称哈尼族为斡尼、和尼或禾泥。明代景泰《云南图经志书》载：“西南有和泥蛮，男子剪发齐眉，头戴笋箨笠，跣足，以布为行缠，衣不掩胫。”“妇人头缠布，或黑或白，长五尺，以红毡索约一尺余束之，而缀以海贝或青药绿玉珠于其末，又以索缀青黄药玉珠垂于胸前以为饰，衣筒裙，无襞积。女子则以红纱缕相间为饰缀于裙之左右。”清朝时，哈尼族服饰唯“男子剪发齐眉，衣不掩胫”的特征大体相近外，其他都已经有不同地域、不同支系的差别。清康熙《楚雄府志·风俗》和其他府志、县志都有相关记载。道光《他郎厅志》说，他郎厅（墨江）一带的哈尼族，“男勤稼穑，女事纺织，虽出山入市，跬步之间，背负竹笼……左手以圆木小槌，安以铁锥，怀内竹筒，装裹棉条……棉线在铁锥上团团旋转，堆垛成纱，谓之捻线”。然后将捻成之线在家中用简单的木织机织成布匹，再制作成衣服。《云南通志》：“男穿青蓝布短衣裤，女穿青蓝布短衣裙，均以红藤腰箍缠腰。”《元江州志》：“糯比，豪尼之别种，男环耳跣足，妇女花布衫，以青布绳辫发，海贝杂珠盘旋为螺髻，穿黄白珠垂胸前。”青布短衣长裤的传统一直被保留了下来，成为各地各支系服饰的基本特点。而红藤腰箍和胸垂黄白珠的习俗，可能衍化为妇女的腰带和琳琅满目的胸部银饰品。

二、服饰的区域形制

由于历史的原因，哈尼族支系繁多，服饰也多种多样，相对而言，西双版纳与普洱的西南

女服　20世纪70年代澜沧拉祜族自治县东回镇征集

部，服饰式样相对统一。而普洱地区东部，玉溪地区南部与红河州南部地区，服饰除体现为支系间的区别外，还有明显的地区性差异。

成年男子的服饰各地基本一致，上穿青蓝色有领对襟短衣，或无领左大衽短衣，袖长及腕而窄，用别致的布纽或银币、银珠做扣；下穿宽裆长裤。节日期间，男青年在蓝色上衣下面配上一件白衬衣，袖口、领口和边摆处白底露出一道白边，显得醒目而素雅。用自织的青布或白布包头后缠绕于顶。

女子服饰，因地区、支系不同，差异很大。

红河地区　分布于红河、绿春、墨江称“白宏”的妇女，上穿对襟左大衽紧身短衣，衣不过肚脐，银币为纽扣，但从不扣上，以暴露小腹和肚脐为美；前胸处钉着六排银泡，正中处缀有一块八角形大银牌，犹如一朵盛开的白莲；下穿双褶短裤，长不过膝，小腿上紧箍着绣花脚套。少女梳独辫，将其缠绕于顶，并戴上一顶饰有银泡和花纹的青布平顶帽。姑娘出嫁后，需用一块青色土布制成的带子系于臀部；成婚生育后，便梳作两股发辫，缠上蓝色三角帕，将发辫藏于帕中。

“卡多”男子服饰。黑布包头，外穿黑褂，褂子上钉两排银扣，内着对襟衣，下穿扭裆裤，裤脚至膝，小腿打绑腿，系黑布绣花腰带。

妇女服饰。老年身穿宽大的青色连筒衣，头缠蓝色包头，庞大如筛。少女耳坠银芝麻铃，一串嵌满银泡的带子紧箍前额，一束红绿丝线编织的花朵插于脑后，上穿青色左大襟短衣，下着筒裙，胸前缀三枚银制八角花。

西摩洛服饰。内着白衬衣，外着黑短褂子连长块胸布，胸布上钉银泡成行，每行银泡中显红果，下着黑短裙，白脚套。头饰用绣有图案的布包头，呈帽形，帽正面上红下黑，发散披在肩。银链盘头，耳带大环、银链和耳环相连。黑布包头，内穿黑色短姊妹衣，外套黑色和尚领短衣，两件衣服的袖口镶有锯齿形蓝花边，下着紧身裤，裤腰束脐下，裤脚反折至大腿上，裤长盖膝，小腿穿紧腿脚套，赤脚。

金平妇女服饰。头饰非常讲究，从颈以上的整个头部，用黑布、各色绒线、绒球、花边以及银泡装饰，五彩缤纷，鲜艳夺目。颈部高领，镶满银泡，再套银质项圈两个。上衣为粗布对襟长服，襟边缀满银毫排扣，外套短褂，镶有红、黄、蓝、白、绿等各色花边。

元阳、金平一带妇女用六角形银泡及五色料珠排串于顶，或镶于左衽，袖管绣成螺旋状。红

20世纪80年代元阳县新街镇征集

20世纪50年代红河县征集

河县乐育一带，穿青色左衽上衣，衣长及膝，下着长裤，袖口、襟边和裤脚边镶着淡雅的花边饰。未生育的妇女头戴“鸡冠帽”，生育后即改缠青色包头。

建水妇女服饰。均盘发于头顶，戴黑色盘形平顶帽。帽檐垂吊红色花穗或银泡，额前5 厘米宽的银片珠缠饰。穿黑色对襟短上衣，衣襟边和袖口有红、蓝、白等彩色条花装饰。腰系白色布或花纹的饰片，下穿黑色紧身长裤，膝腕处以粉红色布或彩线为饰。脚穿黑布鞋。从头到脚均以黑色为基调，最有特色的是腰间饰物和以数百粒银泡排串成梭状，镶于开襟衣的两侧或垂挂于胸前。衣服、围腰上缀满银饰，全身银光闪闪，十分耀眼。结婚前姑娘梳辫子，婚后盘于顶上，戴耳环、手镯。

奕车人装束。奕车人居住在滇南哀牢山南端红河县浪堤、大羊街一带。奕车妇女多赤足，喜用靛青小土布做衣服。下穿紧身短裤，臀部以下全部裸露，以短裤紧勒出臀部原形为美。无论暑夏炎天下田栽秧锄禾，或风雪交加的数九寒天到山林中砍柴，从不穿长裤。短裤分两种，即“拉八”和“拉朗”。两种短裤腰处前后钉有四股细绳带，为裤带。前两股较长，紧缠腰数道，后两股略短。“拉八”缝制得极为精致，多皱褶，裤口紧贴臀部向外倒卷而上，倒卷的裤口折痕于臀部后形成V状，“拉八”深受少女喜爱。“拉朗”裤口不卷，无皱褶，较简单，多为平时干活穿。好讲究的姑娘们还在裤带顶端结上各色丝线制作的小彩球，以为装饰。

奕车妇女上衣有三种，即外衣、衬衣、背心。外衣称“雀朗”，为对襟正摆，无领圆口，袖长及腕而宽。衣的左右边衩和后衩略长。衩口处锁有三五股红绿丝线。衬衣称“雀巴”，无领，剪口，下摆圆如肩，两边衩上宽而圆、左右两襟稍宽，搭于胸部，交叉成剪刀口状，以细绳将左襟结于右腋下。背心称“雀帕”，实际是别致的对襟褂子，无扣、无领、圆口，右方圆口边缀有一串银链，以系小剪子和口弦筒用；右襟下端各设一袋，内装汗帕等小零物。正边摆上内加数道青蓝色相间而异常规范的假边。奕车妇女视多衣为荣，因此在背心正摆边下钉有数道青蓝色相间的假边，以示多衣。很多女子喜欢在裤带外再加一卷腰带，以数枚银币扣于腹部。腰带的下边也镶有青蓝色假边，正与背心的假边相接，成为层次分明的整体。吉庆日里，奕车女子往往要穿一打为七件的外衣、一打中衣和一件内褂，从后望去，即青蓝色相配的

20世纪70年代红河县大羊街乡征集

边摆层层叠叠，令人目眩。

奕车妇女头上戴一顶雪白的自制夹顶软帽，奕车语称“帕藏”，后边有一对好看的花尾，显得别致风趣。

普洱地区　宁洱哈尼族服饰。妇女包黑包头，包头布一头宽，一头窄，宽的一端呈青色，长至后腰部，窄的一端裹头。裹头时将发丝盘在头顶上，用包头布包上。长至后腰部的包头里，绣着色彩鲜艳的花纹图案。身着黑土布制作的长衫，长至膝盖。长衫下端是开衩的，开至腰部上端乃至胸部，胸前还镶绣着各式各样的彩色绲边，胸口处还绣着花纹图案，格外醒目。胸前开衩处以银结扎，镶着无数耀眼的银泡作装饰。穿靛青色的土线布下裙，腰部束一束一丈余的腰带，还系一块下方有须的围腰。胸前饰戴银泡、八对银铃及银牌、银球果、银扣，领戴银项圈，系上一串银链子，手戴银戒指、手镯，耳戴银耳环，脚裹绑腿。

未婚青年的服装与已婚的中年妇女相差不大。比较明显的是已婚妇女改系蓝色腰带，未婚女青年系白腰带，一看上去就知道已婚的还是未婚的。

男子多喜欢穿黑色服装，服装式样和哈尼族其他支系的男装大同小异。头包黑布包头。在旧时，男子有蓄发的习俗，有些还结发髻。中华人民共和国成立初期大部分老人头上还留有一撮头发，表示灵魂在其间。老年人头戴瓜皮小帽，穿对襟衣和裤短而宽的大折裆裤。

江城哈尼族服饰。男子着黑布对襟衣，戴黑布包头，穿蓝色宽大的长裤。女子头上包有三尺左右一块湖蓝色的长布，叠起搭于头上，钉有一根带子结穗于头上。上身着藏青色长衫，胸前连领子镶有三寸宽的一块自绣的漂亮花纹图案。袖口和中间镶有花瓣，衣服长至膝盖，腰上系有一块长围腰，和衣服一样。

墨江妇女的装束。在哈尼族各支系中，墨江坝溜、即哈的装束，绚烂多彩，别开生面。姑娘和少妇的装束，既有区别又各具特色。

姑娘的头饰，特别醒目耀眼，长长的青丝裹满绯红色的毛线或绒丝，团团地盘在头顶而向尾部披垂，脑后扎着一朵宽窄适中、镶着小银泡、绣着花边的青布头巾，两束飘洒的流苏，衬托着闪亮的银耳环，垂在两鬓，显示出姑娘的纯朴、健美。前襟小银泡下系着四个圆形银饰图案，胸部中心绕着一块八角形贴胸银花。四个银饰图案象征四季如意，贴胸银花象征姑娘心灵的纯洁。对襟上左右两排各装饰二十四颗大银泡，象征二

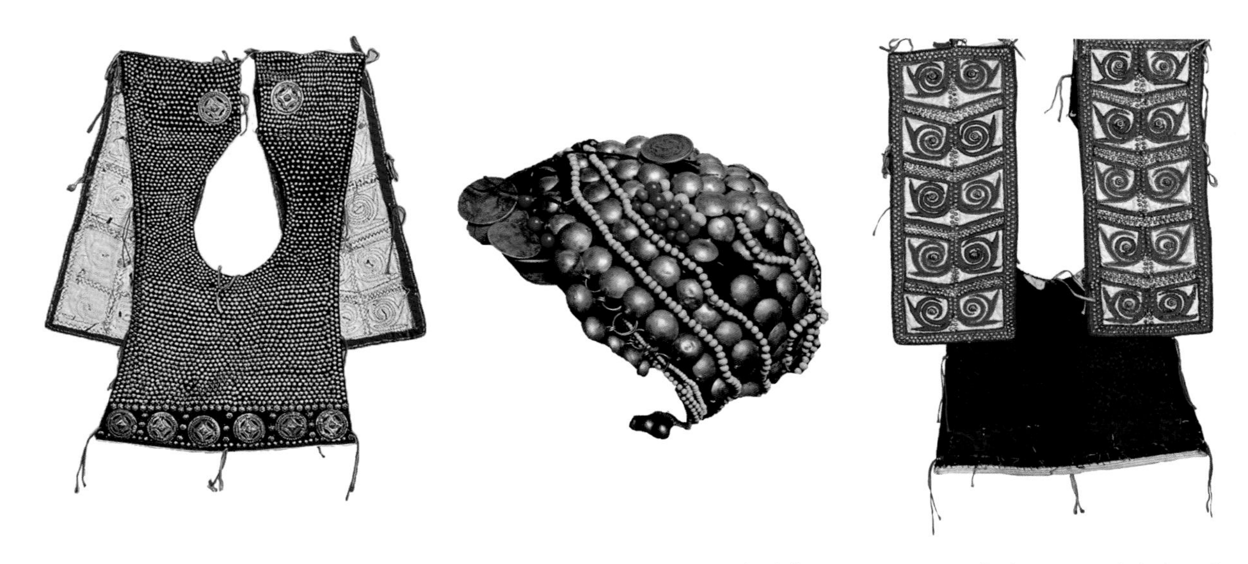

民国女服 20世纪50年代元阳县嘎娘乡征集

十四个节令幸福安康。在大银泡下整齐地并排着两块圆形银饰图案，表示姑娘与未来伴侣的和睦和幸福。衣襟下排左右方根据姑娘的喜爱，用银泡和贝壳，装饰着各种图案。姑娘出嫁生儿育女后，头饰装束改变成一块方形朴素的青布头巾。少数妇女在图案上也装饰一排整齐的小银泡，然后用几根素色棉线缠扎在头上。婚后妇女的上衣，短而紧身，从腰部到肚脐，必须裸露出来。姑娘出嫁后，开始在臀部系一块“近秋”遮住丰腴的臀部，整块“近秋”用青或蓝布折叠而成，宛如超短百褶裙的后服，一般不再点缀花纹和图案，以朴素为美。

“近秋”是妇女表示礼貌性的服饰，象征阿舅家的门面，当然也起着衬托体态美的装饰作用。一个少妇臀部的曲线，若不系一块遮羞饰物，在长辈面前是非常不礼貌的，在青年眼里是不雅观的；长辈轻视她不懂规矩，青年会讥笑她不爱美；于是“近秋”成了妇女青春妙龄和美的象征与标志。

江城哈尼族服饰。江城是哈尼族聚居区之一。主要支系有碧约、卡多、卡别、切地、西摩洛、白宏、布孔、布都、腊迷、阿梭、堕塔等。

男子包黑布包头，穿对襟衣、扭裆裤，妇女一般穿青色短上衣、长筒裙。哈尼族各支系的妇女一般都喜欢戴手镯、戒指、耳环，过去还有染红、黑齿的习俗。

碧约支系女子服饰。姑娘编独辫，戴镶银泡的小四角帽；已出嫁的妇女梳发髻，别木梳，有一条长包头披于身后。衣服后襟长至膝弯处，前襟至腰旁，膝下包白布腿套，用一块宽一尺，长二尺的围腰，折起系于腰上，角边钉有花边、排丝，下身穿长至脚面的长裙。

墨江卡多支系女子服饰。头戴钉有银泡的藤箍，缠红毛线，上身穿蓝色姊妹衣，胸前用各种颜色布镶边，下身穿宽大藏青色长裤，系长围腰，围腰下角边用布镶成各种花纹，脚穿圆口布鞋。

切地支系女子服饰。妇女衣袖用红、黄、蓝、绿色的布镶成一道道花边，外褂胸前用银泡镶成各种图案，穿长裤。

西摩洛支系女子服饰。未婚少女戴直筒小帽，披长发于背后；已婚妇女包尖角包头，有长包头披于身后。妇女穿无领长襟衣，前襟长至膝上，镶满银泡，腰束花腰带，下身穿短裙。从脚踝以上至膝盖以下，用苏子油线扎很多脚箍，终身不再取下，随着生产方式的发展，现脚箍改为白布脚套。

挑花挎包

腊迷支系女子服饰。戴藏青色包头，包头前有两条用银泡做成的白银泡带绕于头上，包头后钉有大红、粉红等毛线；上身穿大襟长衫，袖子用蓝、红、黄等色横条镶结而成，外面套穿一件无袖短褂，前襟镶有铝珠做成的三角形图案，有一排银泡片和小银铃子；下身穿长裤。

西双版纳地区　景洪哈尼族分布于勐龙、嘎洒、勐宋，自称雅尼，他称尼。以服饰的差异分为觉透和觉多两种。

觉透支系的头饰。未婚姑娘戴一顶用鸡毛和少数银泡装饰的帽子。已婚妇女头饰后边的打扮是一块长圆形、上边镶有多而密集的银泡之类装饰品。

服饰，哈尼族喜用蓝靛布做衣服，穿对襟无领上衣，沿襟镶有两行大银片和银币之类，女上衣背面多绣花纹，下着长及膝盖短裙，绑腿从上至下到膝盖为止。

男子缠黑色包头巾，上穿无领对襟衣，下着宽裆长裤。

觉多支系内部又分为吾切、吾多、节佐三种。吾切已婚妇女头饰为下宽上尖形，上面镶有一排银泡装饰品，上衣织的花是直条，绑腿黑色，中间绣有一条花纹。吾多已婚妇女头饰后边有一块下宽大上稍小呈等腰梯形状的四方形布，上面镶有条形银泡装饰品。未婚小姑娘头戴一顶用银泡和鸡毛之类装饰、微高的帽子。未婚大姑娘头戴一顶用珠子和鸡毛作装饰、呈圆形的帽子。上衣的花纹绣得少而精，清秀简单。绑腿不绣花，而是用各色布条缝上。

男子多剃光头，中间留一条小辫，缠黑色包头。上着无领对襟衣，面中绣花加银泡，背面有黄或红色图案，似太阳，下着折裆裤。

景洪阿克人服饰。男子服饰与尼相似。妇女通常用一长条自制青布把头发缠起来，最外面的一层用一块钉有银泡装饰品的布搭在顶上，两侧钉有各色丝线。老年人用几串珠子捆在上端，佩戴项圈和大耳环。上衣为无领的通肩短袖，袖口和衣服的下端用花布花辫缝在上面，组成自己喜爱的图样。下着自制青布长裙，上半截织有红、白、绿各色横条花纹，小腿缠有花纹装饰的护腿布，跣足。

勐腊尼服饰。主要分布于麻木树、勐仑、勐捧、勐满、尚勇等地，自称阿卡、阿克，他称尼。“裳仅至膝，膝下则为裤，以贝子及铁壳，银泡等缀结为串，间以红缨，琳琅满身。帽子以竹木作框，外密缀银泡等珠，极为美观。青

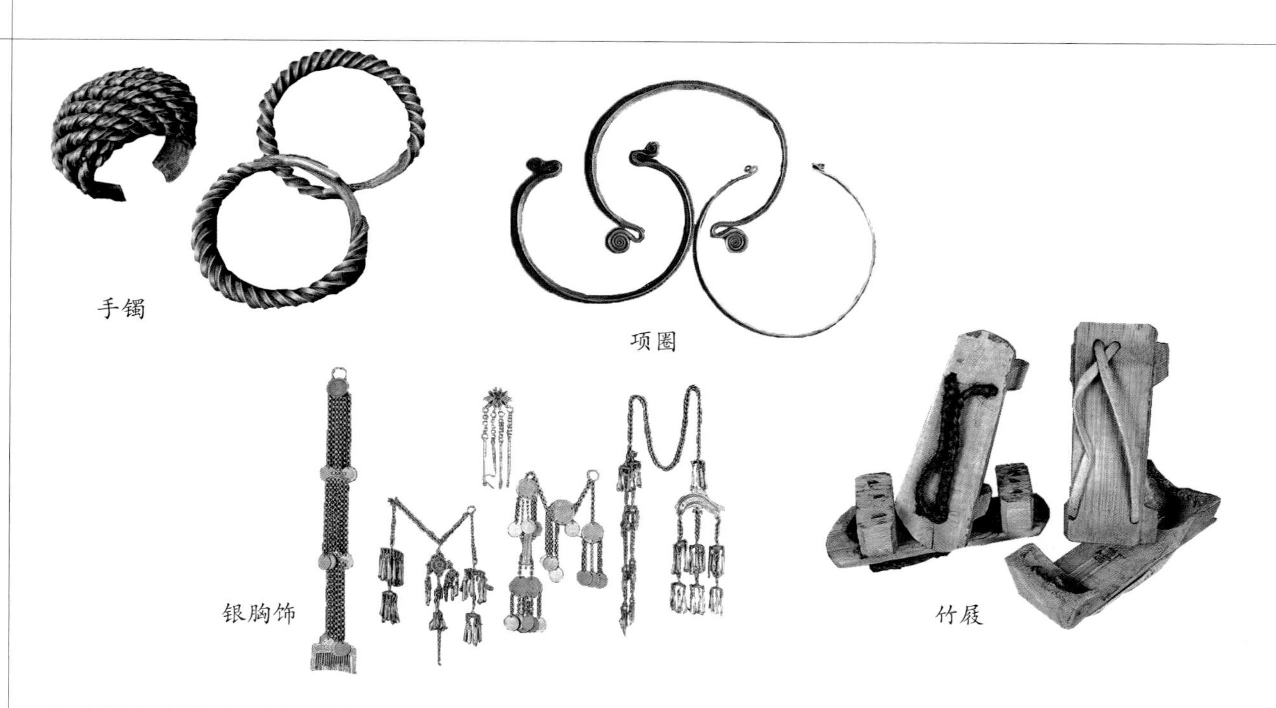

年女性喜编辫子，男子多缀银泡。”（《镇越县志》）头缠红或黑色包头巾，挎长刀，背猎枪，形象威武。

勐腊阿克人服饰。男子头缠绸缎头巾，身着自家织黑布衣裤，颈佩银项圈，穿一耳戴鲜花。女子黑布衣裤，内衣前胸镶有银圆为饰，短上衣及腰，衣角绣人字形红线花纹，腰侧开分衩，饰一尺长五色绒线，腰束五寸宽的腰带，密嵌白色贝币为饰，以方巾或黑布裹头。中年以上妇女用黑布缠裹小腿。两耳坠有银质大耳环，一朵银链连接两耳垂挂胸前。手戴银镯，颈佩银项圈及五色玻璃珠串，身背自织麻线挎包。

勐海哈尼族服饰。主要分布于格朗、巴达、西定、勐宋、布朗山、勐满、勐阿、勐往、打洛、勐混、勐岗等地。勐海哈尼语称觉围、觉多，俗称平头、尖头。他们喜欢用自己染织的黑土布做衣服，男穿右开襟上衣，沿大襟镶两行大银片做装饰。有的穿对襟衣，黑布包头，下身穿大管长裤。妇女穿无领对襟上衣，对襟两边各镶一排大银圆片，背后绣有各色曲纹、条纹和几何纹图案，袖管镶各色布条，头戴用银片银泡镶成的帽子再包一块黑布，下身着褶皱短裙，短裙前有两条银泡镶边的布条，脚裹绣有各色条纹的布块，戴银制项圈和手镯。女子十五岁前戴黑布顶缨紧帽，十五岁后裹黑布包头，插有各色鸡毛。包头布长达七八丈。妇女普遍喜以银链或成串的银币、银泡作胸饰，戴耳环、耳坠，蓄发编辫。少女多垂辫，婚后则盘于头顶。以黑、蓝布缠头或制作各式帽子，上戴小银泡、料珠，或者垂上许多丝线编织的流苏。

玉溪哈尼族服饰。居于洛河区的哈尼族服饰和洛河区一带的彝族服饰基本相同。头上黑布方巾包头，外加一条挑花带子围上，身上内穿长袖衬衣，外套半短袖深色绣花姊妹装；颈上围银制围脖作装饰；腰系一块满围腰，围腰上面用各色花线挑绣各种空心图案，围腰头用银链子挎在颈上，围腰带用双层白布做成，上有挑花图案；手腕戴有银镯；下穿短过膝、大脚口、宽裤腰打褶裤。

元江白宏支系哈尼族集中在西南隅山间及平地和附近的山谷中。白宏喜穿自己织染的青色小土布衣服，男子穿对襟上衣和长裤，戴青色包头。老人留顶发编辫，上戴棉瓜皮平顶红结缎帽。年轻妇女编发辫夹以青布条斜绕于头上，前面露出缀银泡的外帽丝，有的发辫上还饰有丝编的流苏。戴银耳坠，上衣襟衣摆有多层伪装，以

成串成块的银币、银泡、银链作胸前装饰品。裤子不用裤腰，剪裁要与腿臀紧合，显露出体形。已婚妇女要在臀部盖一块精制的百褶“屁甲”，以示分别。裤带和折叠袄可代替口袋用途，有的藏物于发辫中。

元江白宏少女服饰。上穿对襟青色短紧身衣三至四件，下穿青色半长筒裤；衣边以五彩丝线锁口，领前缀着一串闪闪发光的银链，系手帕；头上戴一顶小布帽，帽前钉有成片的小银泡，小帽四周缠着银串珠链，帽檐下飘散着黑亮的发辫。

元江坠塔支系服饰。坠塔跳丰收舞，只能由未出嫁的姑娘在夜间月亮升起时跳。舞蹈有割谷、打谷、抖谷、背谷等欢乐情景。边跳边唱，队形有圆圈和横排两种，动作简朴大方，有一种轻松流畅的感觉，充满活力。盘发于头上，戴长方形头帕，额前一端绣有花纹和须边，用花瓣系之。身上方坠花线球，戴银质大耳环。身穿青蓝色衽衣，外加四层无领前口套衣，每层下端约离一寸，前短后长，前面盖过小腹，后面盖过臀部，衣边绣有花纹图案，用花布带作纽扣，系于两侧腹下。下装一般分两种气候：春、夏、秋三季穿长及小腿、青蓝相间的百褶裙，冬天穿青色长裤里绣有花纹的青布绑腿，上端系两个白线球，穿布鞋。

梭比支系服饰。《景东厅志》：“男服皂衣，女束发青皮缠头，每逢忌日设牲祭于家……男亦务耕，女织葛布，只堪为袋，嗜酒食犬肉、呼父为皮，呼母为么。”年轻女子长发挽于后，头上戴一道二指宽经过特殊制作的白色棕叶圆箍，本民族叫“昌者线帕”，上穿无领剪口青蓝布或白布短衣，袖子及肘，宽窄适中，右襟在下，两襟对交于胸前，呈剪口状，以细棉线将左襟系于腋下，下穿长及膝的青蓝上下各半截的宽舒百褶裙，套脚套。已婚妇女头戴缀银泡的青布宽带。

元江糯美支系服饰。《清职贡图》说：“豪（窝）尼，其人居山中，性朴鲁。……以火草或麻布为衣，男女皆短衫长裤。”《元江州志》说：“糯比豪尼之别种，男环耳，跣足，妇女花布衫，以青布绳辫发，海贝杂珠盘旋为螺髻，穿黄白珠垂胸前……”男子上身穿有领对襟短衣或无领左衽短衣，袖长及腕，下穿摆裆宽口长裤。上衣用布钮或发光的银币、银泡做纽扣。节日期间，在青色的上衣下面再配上一件洁白的内衣，袖口、领口露出一道白边。头戴自织的青布包头。女子穿无领剪口左衽青色短衣，前后下摆略呈钝角状，内穿一件白短衬衣，领前坠一串闪闪

发光的银链，下穿大裆宽口青色长裤，裤口不锁边，小腿缠绑腿，赤足。婚后女子须在臀部系上一块棉布条特制的“屁甲”。头戴一顶自制小布帽，帽前镶有无数小银泡，小帽四周缠绕着成串银珠，黑色长发飘散在两耳外边。

元江梭比支系服饰。梭比聚居在县西南、清水河东岸山梁上，景东、镇沅也有分布。梭比的服饰，年轻女子长发挽于后，头上戴一道二指宽经过特殊制作的白色棕叶圆箍，头绕一圈洁白素雅的棕叶。婚后女子则以两串银珠缠绕于头顶，上穿无领剪口青蓝布或白布左大襟短上衣，袖子及肘，宽窄适中，右襟在下，两襟对交于腋下。下穿长及膝盖的青蓝上下各半截的宽舒百褶裙，套腿套，多赤足。已婚妇女头戴缀银泡的青布宽带。

元江堕塔支系服饰。男子上身穿青色土布对襟衣，头缠黑色包头，下穿大裆裤。妇女上身穿前部围一块自制围腰，并缀满了银泡银箔，前后系飘带，戴银耳坠，戴很粗大的银项圈。头缠长丈余折叠规整的青色包头，前方绣有花鸟鱼草彩纹。

少女服饰。盘发于头上，戴长方形头帕，额前一端绣有花纹和须边，用花瓣系之，耳上方坠花线球，戴银质大耳环。穿青蓝色衽衣，外加四层无领剪口套衣，每层下端约离一寸，前短后长，前面盖过小腹，后面盖过臀部，衣边绣有花纹图案，用花布带作纽扣，系于两侧腋下。下装一般分两种气候：春、夏、秋三季穿长及小腿、青蓝相间的百褶裙，冬天穿青色长裤，里绣有花纹的青布绑腿，上端系两个白线球，穿布鞋。

堕塔妇女服饰。上穿四件叠层无领剪口左衽短衣，绣有几何图案，下穿百褶裙，裙前褂与裙同长，围腰和飘带两条，胸部缀银泡、银钮，戴银质竹节链、项圈。裹青布绑腿，穿普通布鞋。头饰盘式包头，两端绣有花纹，戴耳坠。手饰银质手镯、戒指。

元江西摩多塔支系服饰。男子上穿有领对襟短衣或无领左衽对襟短衣，袖长及腕。下穿摆裆宽口长裤。上衣用布纽或发光的银币、银泡做纽扣。节日期间，在青色的上衣下面再配上一件洁白的内衣，袖口和领口均匀地露出一道白边，头戴自织的青布包头。妇女穿无领剪口左衽青色短衣，前后下摆略成钝角状，内穿一件白短衬衣，领前坠一串闪闪发光的银链，下穿大裆宽口青色长裤，裤口不锁边。小腿缠绑腿。赤足。婚后女子需在臀部系一块棉布条特制的“屁甲”。头戴一顶自制小白帽，帽前镶有无数小银泡，小帽四周缠绕着成串银珠，黑色长发飘散在两耳外边。

勐腊县勐满镇茅草山

景洪市勐龙镇勐宋

澜沧拉祜族自治县糯福乡

勐海县布朗山布朗族乡

景洪市勐龙镇

孟连傣族拉祜族佤族自治县芒信镇

澜沧拉祜族自治县惠民镇

金平苗族瑶族傣族自治县铜厂乡

绿春县平河镇

1998 年墨江哈尼族自治县

绿春县牛孔镇

绿春县牛孔镇

江城哈尼族彝族自治县曲水镇

1987 年建水县青龙镇

1998 年红河县大羊街乡

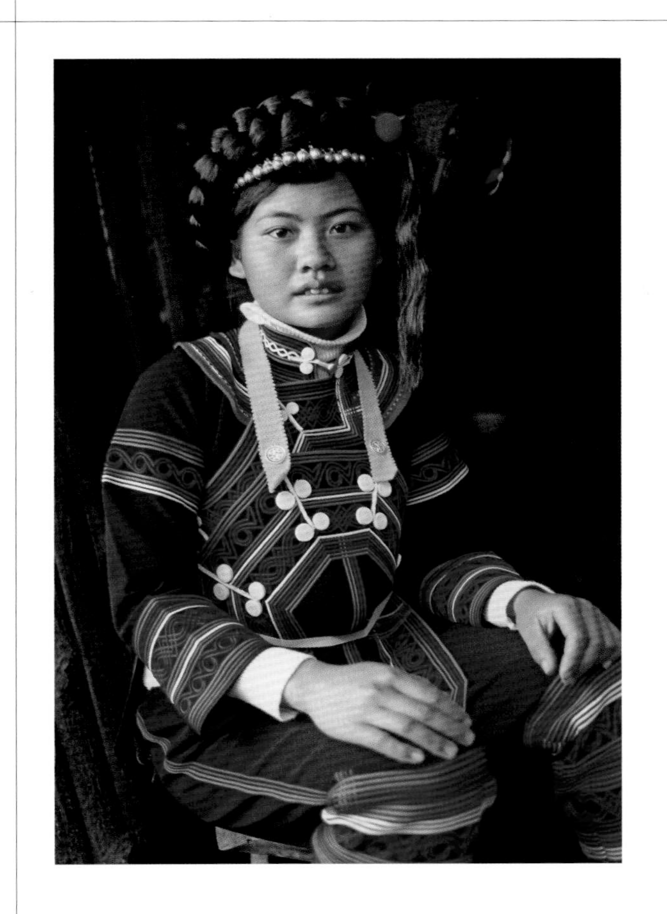

金平苗族瑶族傣族自治县马鞍底乡

金平苗族瑶族傣族自治县金水河镇

金平苗族瑶族傣族自治县者米拉祜族乡

白　族

羊皮褂　洱源县西山乡

白族是我国具有悠久历史的古老民族。据2020年第七次全国人口普查统计，居住在云南的白族有1603728人，主要聚居于大理白族自治州，其他散居于丽江、兰坪、碧江、元江、保山、昆明等地。白族自称白子、白尼、白伙，意为白人，他称有民家、那马、勒墨等。白族聚居的洱海地区，气候温和，土地肥美，是云南粮棉主产区之一，白族就世居于这片美丽富饶的土地上。

一、服饰的历史沿革

白族自秦汉以来，其先民就与内地有往来，受汉族文化影响，耕田植桑，有较为先进的织布制衣技术。从考古发掘的青铜贮贝器上滇人壮观的纺织场面，可以看出战国秦汉时期，滇人就已经使用踞织机织出有纹饰的衣料，并在人物服饰中有"椎髻、跣足、披毡"和"着长衣大摆、短衣长裙"等装束，并佩戴有多种金属、骨、石饰物。唐代，称白族先民为"白蛮"。《蛮书》记载："东有白蛮，丈夫妇人，以白缯为衣，下不过膝。"南诏国时期，《南诏德化碑》载："革之以衣冠，化之以礼仪。"各级官员的服饰都有严格的规定。但在民间，"其蛮，丈夫一切披毡，其余衣服略与汉同，惟头囊特异耳……妇人一切不施粉黛。贵者以绫锦为裙襦，其上仍披锦方幅为饰。两股辫其发为髻。髻上及耳，多缀珍珠、金贝、瑟瑟、琥珀。贵家仆女亦有裙衫，常披毡及以缯帛韬其髻，亦谓之头囊。"（樊绰《云南志·蛮夷风俗》）

南诏、大理国时期，白族农业、手工业，尤其是纺织手工业和服饰装束，已经达到与内地汉族基本接近的水平。《新唐书·南诏传》中说，南诏境内的白族"工文织""织锦缣精致"。大理国时期，洱海周边一带的农业和手工业水平较南诏时期有所提高。特别是披毡的制造尤为精致，而且产品数量多。《岭外代答》说："毡上有核桃纹，长大而轻者为妙，大理国所产也。"

宋代白族的服饰，据元初李京撰《云南志略》记述，"男子披毡、椎髻。妇人不施脂粉，酥泽其发，以青纱分编绕首盘系，裹以攒顶黑巾；耳金环，象牙缠臂；衣绣方幅，以半身细毡为上服"。

南诏贞元十年，从四川掳来工匠四万多人，宋、元以来，白族居住地的汉族移民不断增加，汉族的服饰对白族有了更深刻的影响。清初《皇清职贡图》中，有彩绘的白族男女图像，据该图

民国女服　20世纪50年代大理市海东镇征集

女长衫　20世纪50年代大理市征集

原注，白民衣食风俗和一般汉人无多区别，亦有缠头，着短衣，披羊裘者。

白族服饰虽融入许多汉族文化元素，但一直保存有本民族服饰的核心特点。明清以来服饰基本无更大变化，直到中华人民共和国成立依然有明清时期的风格，但已形成不同地区的服饰差异。据20世纪五六十年代的民族调查资料记载，在服饰方面，大理等地白族男子的服饰还保留着本族的特色，缠白、蓝色包头，穿对襟衣，套黑领褂，下着蓝或黑色长裤，佩绣上美丽图案的挎包。

怒江碧江称为"勒墨"的白族男子，在对襟衣外加长过膝盖的麻布坎肩，穿宽裤衩，佩护身长刀和花布袋，项间戴数串彩色珠子，受傈僳族影响较明显。白族妇女头戴镶有海贝和白色草籽的花圈帽，项佩十数串彩色珠子，短衣长裤，绣花围裙上镶有三道海贝和珠子，赤足。

大理海东的男子，头戴瓜皮帽，穿大襟短上衣，外套麂皮领褂和数件皮质或绸织领褂，谓之"三滴水"；腰系绿丝裤带，挂麂皮或绣花兜肚，足穿白布袜和"鱼头"红鞋。洱源西山的男子也戴瓜皮帽或绿帽，上穿长及臀部的右襟麻布衣，外套羊皮褂，下着麻布短裤，腰系绣花腰带，足穿草鞋。白族妇女的服饰，大理一带多穿白色上衣，外套黑色绒领褂，下着蓝色宽裤，腰系缀有绣花飘带的短围腰，足穿绣花百草鞋；上衣右衽，并缀上银质的"三须""五须"，喜戴各种银首饰。已婚妇女挽髻，姑娘则垂辫或盘辫于顶，但均以花布或彩色毛巾包头。海东的年轻妇女，头戴凉帽，梳单辫绕在凉帽上；新娘梳"凤点头"的发式，身着镶边数道的红绿衣裤。

丽江九河的白族男子，受纳西族影响皆有披羊皮的习俗。白族妇女，以氆氇做领褂，衣袖裤脚喜镶花边，和纳西族妇女一样皆背披缀有七星的羊皮。

剑川地区的未婚女子戴小帽或满布银铃的鼓钉帽和鱼尾帽。洱源西山地区的妇女，束发于顶，上插银簪，再以黑布包头；穿右襟圆领长衣，前幅短及腰，后幅长及臀，并镶以颜色和宽窄不同的花边；系绣花腰带，下装短仅及胫，束护腿，穿草鞋。

20世纪70年代大理市喜洲镇征集

绣花撑腰

绣花背被

绣花挎包

民国女服　20 世纪 50 年代大理市喜洲镇征集

绣花帽

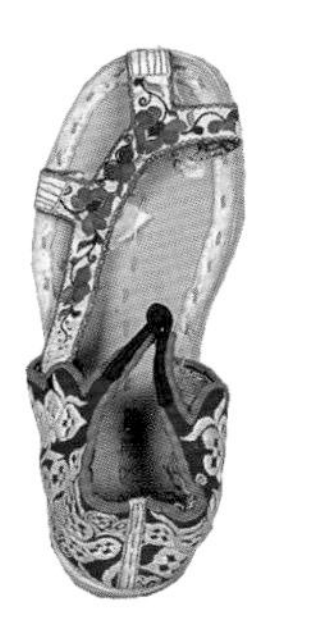

男式凉鞋

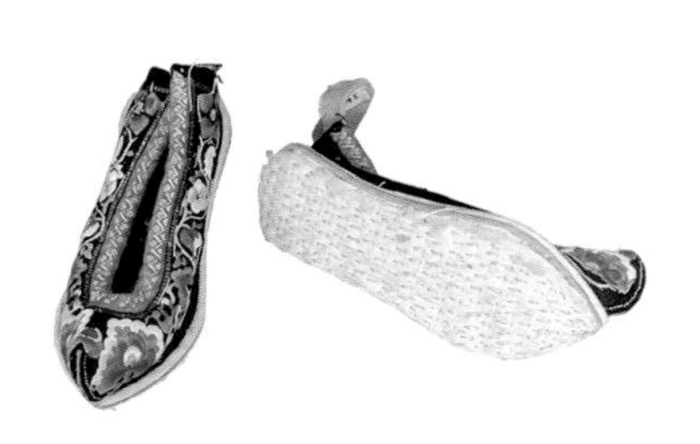

绣花女鞋

民国女服 20世纪50年代大理市海东镇征集

二、服饰的区域形制

白族人口多，分布广，加之自然条件、生活习俗等情况不同，形成了多种类型的地域服饰形制，即使是同一个地区服饰也有差异。

大理地区洱海周边白族人口集中，历史文化丰厚悠久，保留着典型的白族服饰传统。男子头缠蓝、白色包头布，布的尖端有绣花图纹和绒球装饰。逢隆重庆典和节日喜庆，青年男子戴的“八角帽”尤为别致精美。穿白色对襟衣，外套黑、蓝色领衬，腰束绿、白色的腰带。有的男子，一次穿着的上衣多达三件，外短内长，俗称“三叠水”。有的男子喜穿羊皮领褂，衬的腰间有一圈口袋，可装各种随身杂物，故叫“满腰转”；下着蓝色或白色的宽松长裤，肩挎佩绣有图案的挎包，脚裹有装饰边纹的白布裹腿。白族那马人的下装更别具一格，穿三条裤子，称为“三套裤”，里面一条为白色长裤，裤脚扎于裹腿内；外面一条为黑色短裤，长仅齐大腿中部，中间一条则为蓝色齐膝的裆裤；脚穿尖口布鞋或棉、麻编织的“草鞋”，鞋尖饰有红绒球。外出多挎挎包和戴宽边草帽。老年男子多穿蓝、黑色长裤，外套黑色领褂，也有的穿蓝、黑色长衫。

妇女着浅蓝色或白色紧身右衽上衣，袖口花边，外罩蓝色或红色右衽坎肩，衽扣上垂吊制作精细的银链和银质“三须”“五须”以及包、绣花手帕；用宽腰带束紧腰部，腰带外再系上短围腰，围腰和飘带均有精美的刺绣；穿白色或蓝色长裤，着绣花尖头鞋，戴银和玉制的手镯、耳环、戒指。青年女子的头巾很特别，用扎染方巾、挑花头巾和印花毛巾等，分别叠成长条形，再重合在一起，以长辫和红头绳裹于头顶，头巾左侧一端饰白色丝穗和料珠，垂至肩部；少女则戴缀满刺绣、银泡和其他装饰的鼓顶帽、鱼尾帽；新婚女子常梳传统的“凤点头”发式。

老年妇女，着前短后长蓝色或黑色的右衽上衣，袖口和后摆处饰有边纹，罩蓝色或黑色领褂；穿深色布长裤，系长围腰，围腰下摆处有精细绣花图案；着绣花布鞋，戴耳环、手镯等；头部挽髻，插银簪，并包以扎染蓝花布或黑纱巾。

剑川地区白族妇女穿白色大襟衣，红、蓝色褂子，系白里间花的围腰，下穿浅色裤子，花鞋子。少女穿净白上衣，前短后长，袖缀黑、蓝布一圈，露白布底袖头，故称“三节袖”；纽扣较大，用布打结制作；右襟纽扣上挂白布帕两块；系方形围腰，围腰下脚镶蓝布，飘带也为蓝色。

头饰为“高髻式”，其方法是先用八层白、蓝相间的方形头巾包头，巾边错于额前，有花边作装饰，最外层巾上有挑花图案作装饰，方巾的上端用黑布帕缠绕固定，使头发卷入巾中；头饰上高下矮，均为圆形，远远望去，犹如一座高耸的圆形宝塔，故称“高髻式”。

鹤庆白族少女，头裹蓝布头帕，外用红绒线扎紧，巾角偏向右边，简单明快；穿灰色上衣，小袖口，外套红绒布褂；系黑围腰，蓝布镶边，蓝布上又再镶缀三厘米左右的花边；下穿黑布裤，臀部飘有绣花飘带。新娘黑布巾包头，成圆盘形；内穿红色上衣，外套黑布褂子，前短后长，衣袖肥大，外套黑布和蓝布条，系黑色方形围腰，黑裤子，打黑布绑腿，穿绣花鞋。

洱源白族服饰有好几种，不同支系服饰有差异。

者么支系的妇女，戴银泡帽，绕辫于后，垂穗齐腰；穗用银泡和亮珠串成，红、紫、绿、白色，中间加绒花，另垂黑丝线一束，也垂腰间；蓝布长衣，前短后长，襟、袖口均有花纹；袖子为四截，每截上的花纹不同，四方的挑花和蛇纹最为突出；后襟长至膝，襟脚用白布条起花，两襟角的花纹非常突出；腰系黑布方围腰，白布飘带，围腰下脚有刺绣花纹；下穿绿布宽脚裤，黑布绣花鞋，裹绑腿；后背有圆形披毡，长长的绣花飘带，既作装饰，也是背负物品的垫背。

那马支系的青年妇女头饰用近百粒白色纽扣在布条上拼成条形花纹，后垂三条穗带，穗带上为布条绣花纹，下垂三条黄、红、白三色相间串珠，最下端垂红绒缨穗；穿无领上衣，上衣下裙连为一体，均为黑色，装饰集中于上衣的袖口和胸前；领口红布绲边，袖口用红、绿两色布条镶嵌；胸部的装饰非常复杂，装饰分为三段，上段两边为黑底白布条花纹，中间留有纯黑的方形块，下段两边和襟边也为净黑的底色，中间长方形的黑布底上用红、白、绿花布，包边拼条镶嵌，上横下直，中部用白纽扣钉成横条，再下是用贝壳钉缀成的直条纹。

西山地区的白族，无论男女老幼，都喜欢披羊皮或用两张羊皮做成的褂子，天热时毛朝外，天冷时毛朝里。碰上下雨，可以为雨衣。平时赶街上路，露宿野外，既可以盖，又可以垫。除了披羊皮、穿羊皮褂外，男的通常穿对襟衣。年纪大的喜欢穿往右边扣布纽子的大襟衣，戴圆帽。女的打大包头，穿前短后长的衣服，系围裙，罩领褂，有的还绣有花边。婚后女子打高包头，时

兰坪白族普米族
自治县中排乡

洱源县西山乡

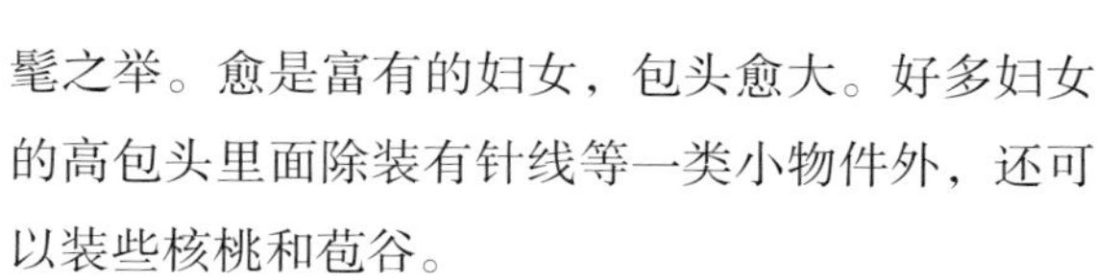

髦之举。愈是富有的妇女，包头愈大。好多妇女的高包头里面除装有针线等一类小物件外，还可以装些核桃和苞谷。

宾川白族服饰以白色为主，女的白布包头，白大襟衣，红或蓝的褂子，系白里间花的围腰，浅色裤子，花鞋子。男子裹白色套头花顶巾，穿白色对襟短衣，外套黑领褂。平川一带的白族却又受着彝族的影响，改变为女的包蓝布包头，蓝大襟衣，系黑布围腰，男子穿蓝布对襟衣，外套黑布褂子。

怒江地区　怒江白族，自称白尼，傈僳族称之为勒墨，主要聚居于福贡、兰坪、泸水。据现存的材料，他们原本居住在洱海周围，以后迁到澜沧江沿岸，在四百多年前才从兰坪迁到怒江沿岸。根据《白族社会历史调查》资料，其服饰：

福贡勒墨人服饰。男子服饰一般是头戴镶嵌有海贝的大包头，右边垂绶，身穿自织的细白麻布做成的长衣，圆领，领口和下摆边缘均用彩色丝线绣上一圈花纹，袖头套缝一圈黑布，背后顺脊椎骨两侧缝两块黑布，下齐腰，上到肩胛。怒江地区白族男子对其服饰也有自己的解释，他们认为这样打扮才像他们的神鸟喜鹊。这和大理地区视喜鹊为吉祥鸟也是一脉相承的。

怒江地区白族妇女的服饰很讲究，她们头戴缀满小贝壳的头圈，背后五彩飘带与长发齐垂腰际，上身穿自织的五色领褂，胸前佩戴用四个大贝壳联串在一起的胸饰和用精致的小贝壳、各种珠子耳缀成的项圈。外珠内贝，非常好看，据说做这样一套胸饰要花费上百元人民币。下身一般着黑色筒裙，有的少女还系自织的美丽围裙。整个穿戴让人看起来整洁明快，赏心悦目。有钱人家的姑娘还耳坠珊瑚珠。

兰坪那马人服饰。那马人自称白尼、白子，是白族的一个支系，大部分居住在兰坪和维西。那马人的妇女，上身多穿无领麻布对开短褂，下着白、蓝、黑色裙子。裙子呈伞状，外边系花麻布围腰，胸前戴银饰，用布绑腿。未婚姑娘头戴后边呈尾状的“慈姑帽”，帽子的前边钉有几个小贝壳和一对公獐子牙齿。或将帕子折成几折戴在头上，并以此作为没有结婚的标志。已婚妇女包头巾。

在澜沧江西岸的一些村寨，已婚妇女的头帕长约一丈，用白、黑色布各一条，里边裹有稻草，一圈一圈地绕在头上，头帕周围缀有几个小贝壳，头顶中央有一块大贝壳作饰物；脚穿带尖的船形鞋，鞋尖上翘，有花。男子穿无扣麻布长

泸水市洛本卓白族乡

衫，肩挎麻布口袋，系腰带，带小刀，挎弩弓、长刀。青年男子头戴顶上有尖的蓝色或黑色帽子。帽子多是自做的，形似瓜皮帽。脚穿带绊的鞋，大部分穿草鞋。

碧江地区白族自称白尼，他们认为喜鹊最好看，黑白分明，所以小伙子的打扮像喜鹊。头上戴“尖巾”，尖巾是用长达一丈的黑布圈成的包头，上下间裹红布，中间缝缀海贝片，右侧下垂旒带，上面挂满料珠、小圆镜等，随头摆动。

白尼的衣服用自织的麻布缝制，衣长至膝下。背下两肩下各缝上一条黑布，左右对称，两只袖口边缘各缝红、绿两色布，衣服下摆绣有花纹；斜背精致的花挎包。白尼姑娘喜赠送小伙子挎包，用红、绿、白、黄、紫、黑等色布拼缝而成，正面绣有花纹，花纹用红、黑两色线绣成。挎包带则是姑娘自己亲手织成的花麻布带。白尼少女心灵手巧，能缝制出各种各样的衣服及口袋，绣出各式美丽的花纹。白尼姑娘的服饰则更为精制，独具一格。姑娘头戴的“玉贝”，上面缝有玉片，边缘钉有小珠，后边下垂多朵花布条，上面钉满小珠，就像十根珠辫。上衣较短，除背部两肩下缝有黑布外，背部还缝有红、绿花布，衣摆绣有花纹。白尼姑娘下着裙子，裙子用约一丈五长的黑麻布缝制而成，上窄下宽，下摆饰三条红线及一条有花纹的布条。白尼妇女还佩戴首饰，一般用银、海贝、玉、料珠制成。她们除了头上戴的玉贝外，还佩戴耳环，手上戴银镯，胸前挂满琳琅满目的海贝和串珠。

丽江保山地区丽江白族服饰，青年妇女用蓝布花边帕包头，帕的后面耸起两只宛如兔耳的布角，戏称“小白兔”。已婚妇女挽髻，再用多块方巾裹于头顶，包成喇叭状的高包头，方巾边角以犬牙纹和挑花装饰；着白色紧身上衣，袖口有边纹装饰，外罩前短后长的蓝、红色丝绒坎肩；穿深色布长裤，着绣花鞋。因受纳西族的影响，有些地方妇女普遍披“七星小羊皮”。有的妇女，额头太阳穴处常饰圆形的黑布两块。

保山白族服饰，男子裹黑布包头，上穿蓝、黑对襟衣，外套布褂，下着深色宽裆裤。妇女服饰以黑、白为主，间以其他色彩。头裹圆盘状大包头，上穿蓝布或蓝灯芯绒大襟衣，衣襟和两袖均用色条布和小绣花朵装饰，外套一件灯芯绒短褂；围白色挑花兜肚，用银链系挂于颈部，下长至蓝上衣之下摆，兜肚带垂于身后；系绣花半截围腰，边缘有丝穗或绒珠装饰，围腰飘带垂于臀后；下穿蓝、黑色大裆长裤；足着绣花鞋；外出

时肩背挑花挎包。有的青年妇女裹白布包头，围腰稍长，全身以白为主，间以黑、蓝布条块。

大理市海东镇

大理市喜洲镇

兰坪白族普米族自治县中排乡

泸水市洛本卓白族乡

剑川县剑阳镇

纳西族

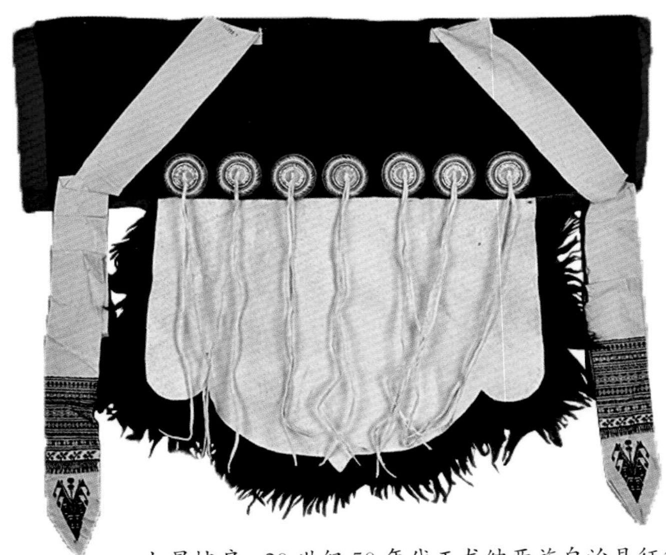

七星披肩　20世纪50年代玉龙纳西族自治县征集

纳西族主要聚居在滇、川、藏交界的横断山脉地区，地处青藏高原和四川盆地、滇中高原过渡地带。据2020年第七次全国人口普查统计，居住在云南的纳西族有304198人，绝大部分居住云南丽江纳西族自治县（现为玉龙纳西族自治县），其次分布在维西、中甸（今香格里拉）、德钦、永胜、剑川、鹤庆、兰坪、宁蒗和四川省的盐边、盐源、木里等县。中华人民共和国成立前，纳西族因各地经济发展不平衡，社会风俗习惯方面存在着较大的差异。如宁蒗永宁地区的纳西族还保存着原始的母系家庭残余和走婚习俗，服饰与丽江地区的区别也很大，而且还盛行着男女都要举行“穿裤换裙”的成年礼仪式。

一、服饰的历史沿革

纳西族源于汉、晋时期的“摩沙夷”，至唐宋时，被称为“磨些蛮”，是古代羌人后裔。《蛮书》说：“磨些蛮……土多牛羊，一家即有羊群，男女皆披羊皮，俗好饮酒歌舞。”元朝以来，汉文书面记录纳西族为“末些”或“么些”，又作“摩些”皆音译写之异。李京《云南志略·末些蛮》中记载：“妇人披毡，皂衣，跣足，风鬟高髻，女子剪发齐眉，以毛绳为裙。”明清时期，纳西族农业生产有较大的发展，特别是纺织业相当兴旺：“妇女初习纺织，近日府城内外，各坊立机核计，竞相师法，纺织之声，延而渐广。”（道光《云南通志》）而在较为边远的维西一带“男人绞索，女人织麻”。（《维西见闻纪》）纺织行工业虽然简单，但也都渗透到落后边远的人群。总之，纳西族的纺织历史是久远的，早在一千多年前，在东巴文中就有纺线和织布的象形文字。

经济的发展，必然导致服饰的变化。纳西族在清代前，妇女普遍穿裙戴帽，男女服饰都有尚黑的习俗。据明代李京《云南志略稿》中有关麼些蛮的描绘，与清代《云南通志稿》中的插画“麼些图”对应分析，清朝时纳西族的服饰为：妇女头戴莲瓣状帽，与纳西族东巴的“五佛冠”相似，身着宽袖交领短衣，长裙。男子挽螺旋式高髻，着交领齐膝短衣，束腰带，类似明代汉族平民服装。男女均跣足。图中所描绘的妇女服饰与近代宁蒗县永宁的纳西族接近，但与丽江地区的差别较大。

民国年间到中华人民共和国成立，纳西族服饰，据调查资料记载，丽江纳西族男子服饰

羊皮褂　麻布男服　20世纪70年代
宁蒗彝族自治县永宁镇征集

与汉族基本相同，唯因气候较冷而又雨，上身常披一件羊皮披肩，脚下喜穿丽江出产的钉子皮鞋。妇女保持着传统的民族服饰，上穿长过膝盖的大褂，宽腰大袖，着坎肩，系百褶裙，下着长裤，背覆羊皮坎肩，两肩绣日月，背上缀七星，象征披星戴月，以示纳西族妇女的勤劳。已婚妇女，先扎头巾，再盖头帕；未婚女子，梳长辫于脑后，再戴头帕或帽子。老妇以深蓝或黑布为衣；青壮年妇女，多穿天蓝色衣服，稍绣花边。永宁纳西族，无论男女，在十三岁前，皆穿麻布短衫，不着裤。成年男子普遍模仿藏族打扮，而老人则穿无领长衫，外加青布领褂。成年妇女上穿短衫，下系长裙，以宽大花带束腰，梳粗大辫子，用牦牛尾或蓝色丝线作假辫，线尾靠右侧下垂及肩，出门头顶以青布盘成大帽。妇女这种大帽、长裙、细腰的装束，大方美观。根据经济条件和等级地位的不同，戴金、银、玉石等不同质地的耳环和手镯。

二、服饰的区域形制

纳西族服饰，是18世纪以来，在本民族服饰的基础上吸收了汉族和周围民族服饰的某些特点而逐渐固定下来的。当然，由于纳西族人口众多，分布地区较广，生活环境的不一致，因此，呈现出多种服饰形制，但都是本民族为适应生产生活需要而形成的。同时也反映着这个古老民族的历史文化。虽然各时期不断受外来文化影响，但服饰仍保持着古朴素雅的风貌和特色。总体说来，纳西族服饰主要可分为丽江、永宁两大类型。

丽江型服饰　丽江地区是纳西族的聚居地，服饰比较一致，除中老年服饰中的头饰和“七星羊皮披肩”较为特殊外，其余与大理白族基本相似，但纳西族服饰较为宽大，刺绣不多，保持着古老的风貌。

妇女服饰制作精细，穿着规范。上装有内衣外衣之分：内衣为无领对襟衫，老人为粉蓝色，青年为白色，袖长至手臂中部，袖口和领口有色布边饰；外衣为无领右衽夹大褂，前襟

玉龙纳西族自治县古城

短，后襟长，衽边以黑色绵绒镶饰，钉布纽扣，腰宽袖大，袖长至前臂中部，袖口往外翻卷。年轻妇女大褂多用浅灰、蓝、棕红色，老年人为蓝、黑色。参加节日盛会时，穿不同颜色的大褂二至三件，为了让人看出所穿衣服之多，后摆处从里至外一件比一件短。外衣外一般再穿毛织氆氇领褂，亦称“坎肩”，多者可达三件。肩部从里至外也是一件比一件窄，以其显示富裕和尊贵。腰部系长围腰，亦称百褶围腰。围腰用漂白、深蓝两种布料为底，上下各镶蓝布为饰；也有以深蓝、黑色布料作底，粉蓝为边饰的。围腰全部用手工一针一线缝制而成，缝工精巧，针脚细密。围腰不用时要按褶纹折叠存放，保持褶裥坚挺整齐，穿起来美观华丽。妇女下身均穿长裤。裤脚扎彩纹织带。脚穿尖头鞋，鞋帮绣花，鞋口为红底白纹图案，鞋后跟有一绣花的半椭圆形布块，供穿鞋时提拉用。过去，纳西族多不穿袜，只用白布裹脚，从脚掌裹起，不裹脚趾和足后跟，裹布在脚后跟交叉成“人”字形，套上鞋后，使“人”字显露于外，裹布尾端缠扎裤脚。

丽江地区青年女子，在20世纪60年代前，多为短发或留一根独辫垂于身后，戴黑色瓜皮小帽。后改为短发戴蓝色的遮阳帽。已婚妇女，头戴一种形似土锅的“土锅帽”。此帽用布壳垫衬成型，内铺薄层棉花，然后用黑纱缝成套子套在外面；使用时先盘发于顶，扣戴上帽子，再用黑色纱帕沿帽边缠裹，整齐盘绕，不可散乱；帽前扎蓝布头遮阳。如家有丧事，则将黑纱布换成生白布。丽江纳西族妇女普遍佩戴精制的耳环、手镯、戒指等，多为银、玉制品。

男子服饰。丽江一带的男子，头戴毡帽，上身穿白色对襟布纽衬衫，外罩黑色马褂或羊皮褂。山区多穿皮领褂，长裤、长袜，套尖口布纽平底鞋或黄胶鞋；腰缠白色绣花带，带头平直，挑绣蓝、黑色花纹。此带多为情人绣赠。带缠腰部后将带头垂至膝间，与黑色马褂映照，显得十分英俊。

永宁型服饰　摩梭人（纳西族）多居住在宁蒗永宁地区和四川盐源、木里等地，其服饰与丽江地区服型差异很大，因接近藏族聚居区，服饰用品受藏族的影响很大，特别是男子服装与藏族夏装很相近。

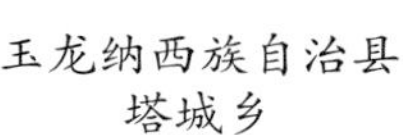
玉龙纳西族自治县
塔城乡

妇女服饰。永宁纳西族（摩梭人）青年妇女头饰，独具特色。梳辫时，需在头发中掺入三倍数量的牦牛尾毛合编成辫，还要加料珠装饰，辫尾上还编一束深蓝色直丝流苏，然后将编就的彩辫缠绕头部，盘成圆形髻状，垂直丝流苏于左耳后侧。有的妇女头上喜搭挽一块彩色毛巾帕遮阳。永宁妇女因编辫缠头较为复杂，常需请人协助完成。过去，永宁摩梭妇女，多用自织的白麻布制作衣服，上衣无领，领口和大襟处不能镶金边，服饰中少有鲜艳色彩。而现在妇女服饰用料已是多样化，色彩明快。上衣多为蓝色和粉红、粉绿、紫等色，无领或高领右衽短衫。内衣则为高领长袖衫，色彩大多为粉绿、白、黄、红等色。内衣的高领，长袖均翻卷于上衣外，色彩对比鲜明，衽扣处垂系银链等饰物。下穿百褶长裙，裙上褶纹密集，裙腰用白麻布拼接，裙的中部饰有红色细条纹一道。传统的鞋为圆口皮制鞋，后部有纹饰。腰部束毛织红、绿宽腰带。

中年妇女服饰与青年基本相似。老年妇女头缠黑布大包头，服饰多为黑色。妇女普遍戴银质耳环。无论男女，都喜戴较粗的银质或铜质手镯。

男子服饰。永宁男子头戴宽边礼帽。上身着金线镶边的高领右衽短衫，多为灯芯绒或毛织品制成，色彩有黑、暗红、棕等色。裤用黑色灯芯绒布料制作，裤腿宽大，长及脚下腕。穿藏式高筒靴或皮制圆口鞋，裤脚套扎于靴内。腰束黑、红羊毛织带。

三、独具特色的七星披肩

“七星披肩”纳西语“尤恩”（意披之于背），为丽江地区纳西族妇女服饰的典型代表。在东巴文中早有“尤恩”的象形字，其书写的图形与现在的披肩基本相似，可见此服饰历史悠久。

七星披肩以一张黑羔羊皮制成，羊皮向内，革面向外，羊皮下部呈椭圆形花角状，上部平

宁蒗彝族自治县永宁镇

香格里拉市三坝纳西族乡

直，与黑丝绒织料缝合。织料下端钉七个圆形饰物。圆饰物用布壳与多层色布制作成圆形硬底板，然后用彩色丝线精心绣花上花纹图案，一圈圈的色彩纹样，像放光的星月，每一饰物的中心钉两条皮革制细带，使其垂下。在七个小圆饰物上方，再缀钉两个大圆形饰物，花纹图案与小圆饰物相似。披肩上方两侧钉有两条白布背带，有刺绣装饰：上部绣直线排列的二方连续纹样，纹样内容有农耕、舞蹈、武士以及吉祥、花果等；下部以十字挑花手法绣一单独纹样，既似蝴蝶又像蝙蝠，别致精细，造型生动古拙。装饰图案以黑线刺绣，在白底衬托下特别醒目。

七星披肩有着特殊的使用方法，即将披肩先搭于背部，再将两条背带通过肩部在胸前交挽，然后转向后束在背上打结固定。背带头垂于下方，披肩两面都可使用。丽江一带气温偏低，多数时间有毛的一面向里，天热时将有毛的一面朝外。

七星披肩有着古老而丰富的民族文化内涵。背上的图案装束的含意，有不同的说法，较为普遍的说法是：下方七个小圆图案为“七星”，星上的垂穗表示星星的光芒；上方两个大的圆形图案为日、月，故有“肩挑日月，背负七星”的之说，象征纳西族妇女披星戴月、吃苦耐劳的精神。还有一种说法：纳西族的始祖，崇仁利恩和天女衬红葆白成婚后，从天上下到人间，途中遇情敌可洛可兴口吐恶露遮住去路，衬红葆白便把准备好的羊皮披在肩上，披肩上的日月星光照亮了道路，使他们安然到达人间，建立了幸福的家园。从那以后，纳西族妇女就按照始祖母衬红葆白从天上带下来的羊皮样子制作成七星披肩。

纳西族妇女的七星披肩不仅具有丰厚的民族文化内涵，同时还具有审美、保暖防寒和背负箩筐等物时保护背部、肩部的功能，所以至今都是纳西族女性珍爱之物。

香格里拉市三坝纳西族乡

香格里拉市三坝纳西族乡仙女峰

藏　族

20 世纪 50 年代
香格里拉市征集

云南藏族世居滇西北高原，三江并流腹心地带，是一个古老民族。据2020年第七次全国人口普查统计，居住在云南的藏族有147935人，主要居住在云南省迪庆藏族自治州的德钦、中甸、维西三县，少量分布于怒江州的贡山县、丽江地区的宁蒗县等地。在文化生活上具有浓厚的藏民族传统习惯和特征。藏族服饰在少数民族服饰中，既有悠久的历史传统，又有独特的穿戴习俗，归纳起来，有以下一些特点。

一、辫发百缕　栉必牲祭

藏族男女都行辫发之俗，经年不梳洗，梳洗必须杀牲祭祀，这是藏族古老的头饰习俗。唐代天启《滇志》载："男女辫发百缕，披垂前后，经年不栉沐，栉必以牲祭；披长毡裳，以牦牛尾或羊毛织之。妇人青白磁珠与砗磲相杂悬于首。"

到了明代，这一习俗依然如故。景泰《云南图经志书》记载丽江巨甸一带藏族的服饰为："男妇发辫成百缕，披垂前后，经年不梳，梳则宰牲，祭祀会众，不事盥濯。食生肉，披长毡，胸前结以小绳，其短裳用牦牛尾或黑白羊毛捻线为之。妇人用青白磁珠、砗磲相间悬于顶。"

乾隆年间，余庆远《维西见闻纪》中，把藏族分为两种："么些古宗"与"臭古宗"。"么些古宗"实际上是靠近城镇和坝区经济稍为进步的藏族。他们的服饰与纳西族的服饰基本相同："惟妇髻辫发百股，用五寸横木于顶，挽而束之，耳环细小，与么些异。"辫发百缕这一较为古老的传统习俗，此时只在妇女之中流行，而男子则有剃头之俗。居住在奔子栏、阿敦子（德钦）一带。被称为"臭古宗"的藏族，由于居住地接近西藏，其服饰较多的蕴含着西藏农耕区藏族的特点："男子剃头，衣冠尚仍归。僻远者，男披发于肩，冠以长毛羊披，染黄色为檐，顶缀红线缨。"

妇女辫发，男子剃头戴帽，是藏族明清以来普遍的头饰习俗。这种习俗几乎遍及全国藏族所居之地，文献记载颇多。其中，王崧等纂《云南通志》载鹤庆、丽江、景东三府的藏族服饰："男子戴红缨黄皮帽，耳缀银环，衣花褐，佩刀系囊，着皮衣。妇人辫发以珊瑚、银豆为饰，着五色布衣裙，披花褐于背，足履革靴……女人辫发至老不束髻。"另外，尼西、中甸一带的藏族，男性"帽用羊毛染黄色，狐皮银边，上

缀红缨，时有戴毡帽者，如斗笠之状。穿牛羊毛布衣。妇女辫发为缕，素织毛布作短衣，穿百褶裙。男女俱穿皮靴”。（《中甸县志稿》）藏族头饰，最早男女并无区别，均是辫发百缕、披垂前后，而到清朝中期以后，男子改为剃头戴帽，女子依然保持辫发之俗。为何发生这种变化，尚无资料可考。

二、牧区和农区的服饰

牧区一般比农区地势高、风沙大、气温低，所以牧区不分男女，常年穿羊皮长袍。这种结构肥大厚实的服装，适于牧区昼夜温差变化很大的需要，既有散热的方便，又有防寒的作用：白天太阳光充足，气温上升，很容易脱去一只袖子，调节体温；夜间气候寒冷，和衣而睡，可以当被子盖。

牧区藏族，除皮袍外，其他服饰与农区相似。皮袍用土法加工的绵羊皮缝制，都是大襟的。皮袍又分两种：一种是平时穿的，但有季节之分，夏秋穿的毛短，冬春穿的毛长。袖口、襟和底边上用黑色平绒或毛呢，浅蓝布做装饰边，也有不做装饰边的。这样的皮袍男人喜欢穿，妇女们也有穿的。另一种皮袍是逢年过节、办喜事、迎贵宾和做客时穿的。这种皮袍以羊羔皮为料，面子是把野青羊皮去毛铲净，手工鞣柔软，用洗衣剂洗白晾干后制作而成。其袖口、襟、领子和底边用水獭皮或豹皮做装饰边，为皮袍的最上品。

从事农耕的藏族，服装比之牧民要华丽、轻便一些，主要有藏袍、藏衣、衬衫等。男子都穿长裤，妇女都穿长裙。

藏袍用氆氇缝制，大领、右开襟，袖筒长出手面，一般在右襟腋下钉一个纽扣，有的不钉钮扣，而是用红布或红、浅蓝、青色布做两条带子，穿时两带相结，既起到了纽扣的作用，又十分好看。藏袍分男女两种样式。

男式藏袍，颜色以黑色和白色最多，领子、袖口、襟边和底边的内边上用绿色或浅蓝、青色绸子或平布做贴边。穿藏袍时，一般只穿左袖，右袖从后面拉到前面，然后搭在右肩上，天热时左袖也不穿，将两袖拉到前面，分插在腰间。袍身比较长，要把下部提起来，在腰间系上浅蓝色或红色的绸缎或平布做的腰带，腰带以上就自然形成了一个兜囊，外出时兜囊可放日常用品。晚间睡觉时，脱下藏袍正好盖住全身，起到被盖的作用。

女式藏袍与男子的相比更为宽大些，袍子很长，穿时将袍子提起到脚面，两手将袍子的宽大部分折到腰际。夏秋穿的藏袍不做袖子，冬春穿的藏袍有袖子。腰间亦用绿色和红色的绸缎或平布做的腰带束起，前面系上色彩艳丽的裙子。

藏衣绝大多数是氆氇做的，分上衣和裤子两种。男式藏衣多是大襟的，颜色有黑色和白色两种。女式藏衣大多是对襟的，颜色也以黑者居多。

衬衫以各种花色的绸缎和布为料，样式有大襟和对襟两种，以大襟居多。男女衬衫的领子有所不同：男式的多为高领，女式的多为翻领。其显著特点是袖子较长。长出部分平时挽起，在跳舞时放下来，随着优美的舞姿，袖子在空中翩翩舞动。男式衬衫多白色，女式衬衫多红、绿色。

藏族男子现在都兴戴帽子。帽子的式样较多，有喇叭形、直筒形、圆形，还有露出前舌或双舌头的。其中有的饰以缕金，用彩绸做成飘带。夏天常戴毡制的礼帽，冬天常戴皮帽或棉帽。

妇女的装饰品有银项圈、皮制小袋和“格乌”（一金属小盒，内装小佛像等）。妇女几乎人人都有，除了做装饰外，相传佩戴“格乌”可以逢凶化吉，神灵保佑，所以又叫“护身佛盒”。

德钦县云岭乡

藏族妇女头饰多种多样，最典型的是“巴珠冠”。巴珠冠有三种形状：半月形、羊角形、三角形，都是在藤条编成的帽架上饰满串珠、珊

瑚、玉、松石等珠宝。戴在头上后，将长发夹杂彩线编成若干小辫后合尾于腰际。有的用大红头巾裹脸，遮挡阳光。藏族妇女有一种被称作“密腊”的奇特头饰品，用黄色大珠子配上珊瑚、绿松石及金、银、铜、贝壳等，加工制作成串挂或饰品，佩戴在两鬓发际和耳上两侧发际上垂下；也可与辫梢连接，头顶至额前两侧垂挂。

藏族女子，已婚和未婚在头饰上区别十分明显：已婚妇女，一般都是编两股单辫，然后合盘于头顶。有的用一根红线把两股辫子合扎于腰带之中；有的用一根红线把两股辫子的尾部系在一起垂于腰后；也有的扎有许多分散小辫，但其全部小辫由一根红线轻轻相系拢；有的在后脑上带有一串十二颗珠子的串带；还有的又在阳穴上方编两片特宽的辫子。另外，已婚妇女的衣服右胯旁佩有红、绿两条带状的飘带，有的地区这两条飘带又在前方。未婚妇女一般都是扎独辫；若是多辫，在后颈下也要扎一尺多长的独辫结。头发的头绳一般都只有一种颜色，而且不扎紧。发顶上常戴巴珠冠头饰。贵重的巴珠冠是宝石或珊瑚制成的。阿敦子一带妇女戴的巴珠冠是三角形，甲功一带妇女戴的巴珠冠是半月形。姑娘头上戴巴珠冠就意味着长大成人。

云南藏族聚居区，服饰千姿百态，内涵丰富。有的粗犷，有的精巧，有的简便，充满着鲜明的民族特点，体现了美与实用的紧密结合。据20世纪50年代的调查，迪庆的藏族，女子服饰一般是头蓄小辫，外缠红、黑线，再戴皮帽或呢帽；上装内着右衽短衣，外穿宽大长袍，常将长袍挽于腰间，再束种色腰带；下穿长裤，足蹬牛皮鞋或筒靴。衣、裤多白、红、青、紫诸色。富裕者穿氆氇或绸缎，穷人则穿自织毛布。男子还喜戒指，手镯等饰物。德钦男子还戴耳环于左耳。妇女服饰，各地稍有差异。中甸中心地区的妇女，头皆梳三辫，垂于脑后，包布帕数块，再戴黑色通顶小帽；上穿红、青、紫诸色长衫，外套黑色镶边长领褂，背披一块披风，束花腰带，罩白色短围腰；下穿长裤。足蹬牛皮鞋或筒靴；喜戴戒指、手镯、耳环和领花。年轻姑娘还在腰间系一串银铃，走起路叮当作响。中甸东旺一带妇女，头饰梳三层小辫，由几十甚至上百根小辫组成一根大辫，于辫上系银链，辫末拴丝线。德钦地区妇女则头包长帕，发辫盘在头后端，缠上大红头巾，着右衽短衣，穿长可触地的长裙，裙边用丝线绣成各式图案，裙外系色彩鲜艳的围腰。

男子服饰各地大同小异，内穿短衣，外穿大领右襟的长袍，一般无纽扣，扎上腰带，让长袍在腰间垂成一囊，可装物件；腰带用红色或其他颜色编织成宽毛带，也有装饰精美的宽皮带，并附有口袋在其间，还有的系着护身佛；下穿长裤，套牛、羊皮或氆氇制作的长筒靴；头戴毡制的礼帽或皮帽，多以金丝相饰，光彩夺目。

三、别具特色的纺织品

藏族是我国最早使用动物毛进行纺织的民族之一。七世纪初，藏族开始移居云南，在中甸、德钦、维西、丽江等地定居下来，随之带来了毛织品业，并被当地傈僳族、纳西族等民族所接受。从此，毛织品业在云南的雪域高原地区开花结果。

地处青藏高原东南边缘的滇西北，是云南省古代毛纺织品的主要产地。其毛织品采用迪庆高原特有的畜种牦牛之毛和羊毛混纺所成。在长达千年的历史长河中一直靠手工方式加工。先将羊毛和牦牛毛用碱水洗净、晒干，再经搓刷梳理，把两种毛混合，搓制为毛条，在纺车上纺为毛纱，先染色后织布。主要产品有：

氆氇，藏语意为囊布，是一种经纬交织的、有色彩的窄幅粗毛布料。色泽有大红、紫红、黑色、本色，还有色彩艳丽的十字氆氇等。其纺织工艺、组织结构，接近现代的粗纺呢绒，是藏族妇女传统的家庭手工艺品。它具有保暖透气性强、穿着舒适和结实耐磨等优点，不仅是缝制藏袍、藏靴和藏帽的主要材料，也是当地及临近地区纳西族、白族、彝族人民十分喜爱的衣着材料。由于氆氇色彩斑斓，滇西北地区少数民族姑娘出嫁时，总少不了用花氆氇制作嫁妆。

邦登，藏语意为围裙面子、围裙氆氇。古代藏族仿照雨后彩虹的颜色，以毛纱配成条形织成，因其纹络如牛的骨肋，也称为“肋巴花”。藏族妇女用它制作围裙、围腰。纳西族妇女用它制作抱披、背衫、小袍裙。

卡垫，即藏毯，起源于元代，成熟于明代。它以棉纱作经线，毛纱作纬线，用天然动植物染料染出十几种颜色的毛纱，交织出古色古香、具有地方民族特色的图案。

德钦县奔子栏镇

德钦县云岭乡

贡山独龙族怒族自治县捧当乡

贡山独龙族怒族自治县
丙中洛镇

德钦县奔子栏镇

维西傈僳族自治县塔城镇

拉祜族

20世纪70年代金平苗族瑶族傣族自治县勐拉镇征集

拉祜族主要分布于云南澜沧江两岸的普洱、临沧两个地区，与哈尼族、傣族、佤族交错聚居。据2020年第七次全国人口普查统计，居住在云南的拉祜族有469301人，澜沧县最为集中，占拉祜族总人口的53%。此外，元江、新平、西双版纳傣族自治州、红河哈尼族彝族自治州、楚雄彝族自治州均有少量分布。

拉祜族先民是古代氐羌部落的一部分，曾经由青藏高原不断南迁，直到18世纪至20世纪两百年间，才最后定居在现在的分布区域。因此，其服饰有着农耕民族服饰的风格。拉祜族直到中华人民共和国成立前，才基本上脱离了狩猎采集和原始农业相结合的经济，致使服饰发展不平衡、地区悬殊，而且也有着许多装饰上的差别。

一、服饰的历史沿革

拉祜族在南迁的历史过程中，据文献记载，当时的服饰有两种，一种是男女都穿同样的衣服，另一种是男女有别。拉祜族在古代就掌握了织染技术，在拉祜族创世史诗《牡帕密帕》中，就有种植棉花、纺纱织布、染布缝衣的内容。清道光《顺宁府志》载："倮黑……男女皆穿青蓝布短衣裤。"另据《普洱府志》载，拉祜族"男穿青蓝长裤，女穿青蓝布长衣，下着蓝布筒裙，短不掩膝"。拉祜族因长期迁徙，定居地又与哈尼、彝、傣、布朗、佤等民族杂居，其传统服饰发生了变化。从明清以来，到中华人民共和国成立初期，江城、澜沧、孟连、双江、景谷等地的拉祜族仍保留着传统服饰，但"短不掩膝"的女裙与男子穿裙的现象已很难见其踪影。

拉祜族先民，不仅传统服饰中有男女统一型，连发式也有剃光头的习俗。妇女以往均不留长发，婚后为示男女之别，妇女只在头顶留一绺头发，曰"魂毛"。现多数青年女子已蓄发梳辫，但偏远山区的拉祜族妇女仍保留着剃发的习俗。拉祜族服饰虽然有着许多的变化，但始终保持着游牧民族服饰的传统，直到20世纪60年代初，其服饰，男子是头裹黑布头巾或戴分辫小帽，穿无领右襟衫和裤管很宽的长裤。妇女服饰在彝语支各族中来说是独特的，它保留着南迁以前北方服饰的特点。她们喜欢裹一丈多长的头巾，最末一端长长地垂及腰际。她们是唯一穿开衩很高的长袍的，衣领周围及衩两边都镶有彩色几何纹布块或条纹布带，沿衣领及襟边还嵌上雪亮的银泡。

20 世纪 70 年代澜沧拉祜族自治县东回镇征集

二、服饰的区域形制

拉祜族有拉库纳（黑拉祜）、拉祜面（黄拉祜）和拉祜普（白拉祜）三个支系，各有不同的方言、服饰和习俗。从几个不同地区的衣饰资料，可以看出拉祜族的衣着，既有共同的传统，而又存在着地区的差异。

耿马妇女服饰。头包黑头巾，在包头巾的两端缀以色线缨穗；上穿开襟黑布长衫，长及脚面，长衫开衩很长，达及腰部，在长衫的袖口和襟边缀以红、白等色的齿牙花边；下穿长裤，腿裹腿布。男子上穿对襟短衫，下穿肥大的长裤，头戴布便帽，顶端缀有红、蓝等色的布条。有的妇女，其服饰上穿对襟缀有色布花边的短衫，下围裙子，头戴便帽，帽外又围带色头巾。

男子，一律不蓄发，剃光头，妇女在头上留一束头发。妇女耳戴大银环，腕戴手镯，胸前佩大银牌，拉祜语叫"普巴"。男子亦有戴手镯者。

澜沧糯福乡妇女穿的是黑布右开襟长衫，长至脚面，长衫的两边齐腰开衩，具有青藏高原妇女服饰的特点。妇女们在长衫的衣领周围和开衩的两边都镶有彩色的几何纹布块和纹布条，沿衣领和开襟处还镶嵌数百个雪亮的银泡。银泡大都组合成图案。同时，还喜爱用红色、白色和黄色的花布组成三角形图案嵌缀在袖口、衣肩和襟边，使长衫显得美丽和光艳。

澜沧拉祜族妇女的长衣，又称长尾巴衣，制作较为复杂。妇女下穿黑布长裤，头裹大头巾，有黑、白两色，两端饰挂着彩色的长穗。女青年的包头扎后，有一端裹及腰部。她们还有裹脚布的习俗。戴耳环、手镯等银饰品，有留发一束的传统。

男子不蓄发，普遍裹黑色头巾，穿无领右开襟或对襟短衣，肥大的长裤，多赤足。出门时，佩长刀和匕首，斜挎挎包。

勐海黑拉祜男子穿无领右开襟上衣，下着裤脚宽大的长裤。妇女穿开衩很高的长袍，衣领周围、襟边和衣袖都镶有条纹布和几何图形。男女均戴无檐帽子。

黄拉祜妇女着无领右开襟上衣，襟边、袖管、衣领都镶有条纹布条，下着长裤，腰围一块布，头裹一块黑色头布。男子上着布扣对襟窄领上衣，下着长裤，头缠白头巾。

勐腊尚勇妇女上衣与傣族一样，有摆、系带，但袖子于肩下有一道花边，衣角边镶一道五寸宽的花边，领边也镶一道一寸五分的花纹，前

襟用银圆或银子打成长方形、圆形的装饰，沿边嵌上。下穿筒裙，用傣族自织花纹布做成，角边镶花边。头饰比较奇特，先将头发梳于前，然后用布或毛巾裹成圆的条形纹于头顶，又把头向后压上，再把包头裹上，左角成尖角形状，外围再缠上一道有花纹的布。一串细秀的彩色珠子从右耳拉到左耳，颈上戴多条项链。男子服饰较为简单，上穿对襟衣，下穿折裆裤，头用红布缠裹。衣裤多为黑色或蓝色。

景谷拉祜族服饰可分为两种。有的地方妇女穿的服装保持青藏高原的特点，多穿黑色布开襟长衫，衫长过膝。腰部开衩，衣领周围和开衩的两边及脚边都镶有彩色纹布条与几何纹布块，有的还镶有耀眼的银泡；头裹黑布头巾；下身穿黑蓝色长裤。也有的地方的拉祜族，自古妇女禁忌纺织，只用禽、蛋、猪、羊和粮食等向傣族换取新旧衣服，所以她们穿着的服装与傣族相似。上穿较短的无领式衣服，下着长筒裙，腰系布带，头裹黑布包头。有的姑娘上身穿用花布镶边的对襟短衣，头戴便帽，帽外又围一块花色头巾。妇女还戴大耳环、手镯、银戒指，胸前戴银牌，很注意装饰打扮。男子上身穿对襟短衣或无领大襟衣，下着花裤，裤脚肥大；有的戴布帽，有的包青布包头。

景谷妇女缠包头，穿无领对襟短衫和筒裙，戴项圈、手镯、戒箍，腰系银链，衣服上缀有雪亮而整齐的银泡。袖口、衣领、开襟等处镶有彩色几何图案的布条或布块。男子穿无领对襟衫或右衽短衣，宽腰大脚裤，以帕包头。

金平、元江、绿春男子穿哈尼族式的蓝色或青色对襟短衫，下穿宽筒长裤。

妇女衣饰有别，拉祜西穿黑色右襟长袍，袖口、衣边均镶有各色布条花边，有的在衣襟上再镶饰贝壳。拉祜纳穿黑蓝色右襟短衫，普遍将长发编成辫子后盘束于顶。已婚妇女用色布或染色藤篾编制发箍，箍上钉有银泡；未婚姑娘用各色毛线编成发箍勒在头上。比较富裕者则戴耳环、项圈、戒指、手镯等银饰和彩色料珠。

红河拉祜族服饰。分布于金平和绿春南部的中越边境的拉祜族，又称苦聪人，曾被称为“锅错蛮”，意为高山的人。拉祜族会纺织的人很少。在老林生活时，无论是兽皮、麻布，只要能遮体就行。出林定居后，向哈尼族、傣族学习纺线织布，缝制衣服。男子穿哈尼族式蓝色或青色对襟短衫，下穿宽筒长裤。妇女衣饰有别。拉祜西是黑色右襟长袍，袖口、衣边均镶有各色布条

花边，有的在衣襟上再镶饰贝壳；拉祜纳穿黑蓝色右襟短衫，裤脚镶三条色布花边。普遍将长发编成辫子后盘束于顶。已婚妇女用染色布或染色藤编作发箍，箍上钉有银泡。未婚姑娘用各色毛线编成发箍勒在头上。

居住在新平、元江一带的苦聪人，与分布在金平境内散居于原始森林中的苦聪人相比，服饰有很大的不同。他们的服饰根据年龄、性别而异。少年时期，不分男女，都喜欢戴帽，帽顶用红、黄、蓝等色的线做成泡花。他们戴手镯、脚镯。有钱人家，还用银做成“长命锁”戴在胸前。

成年男子，不留长发，只用丈余的黑布包于头上。上衣一般用青蓝、黑色的布缝制成对襟衣。苦聪人男女老少，都用羊皮、麂皮或其他兽皮做成领褂穿在身上，以防劳动或背背箩时磨坏衣服，冷天还可御寒。男女裤子，多以黑、蓝两色布料做成，裤脚特大，裤腰用不同色的宽五寸的布缝在上端。男女多赤足，也有用棕、草、布打鞋穿的。

女子从小留长发，编成单辫，盘绕头上，扎包头。包头长约二丈五尺，也用黑布来做，两端用花丝线绣几道箍，既好看又不容易塌边。包头既是装饰品，又是苦聪女性的标志。它既可以遮阳、避雨、挡风、御寒；展开后，又可以背娃娃上路、劳动；甚至大人做活时，还可以用包头布搭成窝棚让孩子睡觉。此外，人们赶集、外出，还可以把食品包在里边，戴在头上。

妇女衣服分内衣、外衣。内衣用漂白布做成长衫，盖过臀部，长袖，无衣袋，袖口端用各种颜色的线或布条镶嵌成彩色图案，一箍一箍的，少则三箍，多则七箍。出嫁的女子，手腕上还加绣三箍，以示有配偶。外衣一般叫领褂，都用黑色的上等布料做，无领，无袖，对襟，胸前两边就是两个自然的大衣袋。钮子都用银做，圆形，上面有各种图案，每边一排，每排钉有十二颗至二十四颗不等，并不扣起，只作装饰。

妇女系的围腰用黑布做底，中间用一块蓝布绣上各种花草、几何图案，各边用不同色的布条镶嵌。上边钉有一千五百颗银泡，最下边一排钉有三十串芝麻铃，再用一条八股头的银链带系在胸前，一眼看去，整块围腰银光闪闪，光彩夺目。

成年男女都有戴手镯的习惯，男子一只手只戴一只。女子则不同，根据生活条件而定，有戴三五对的，戴得越多越体面。镯头用银做成，有空心和实心两种，上面打制着具有民族特色的图案。苦聪妇女都戴耳环，有银质的，有玉石的，

金平苗族瑶族傣族自治县者米拉祜族乡

也有用灯芯草编制的，既小巧又玲珑。

金平拉祜族服饰。居住在金平的拉祜族，过去一直称苦聪人。他们分别散居在金水河的南科、翁当和者米乡的纳米河、良竹寨、苦聪大寨等自然村。男子上穿开胸普通衣，下穿沙仁土布裤。妇女头缠两条镶满铝泡的红布，脑后坠圆珠若干串，上穿粗布对襟长衣或右边开襟的长衫，裤子与哈尼族妇女的相似。

孟连傣族拉祜族佤族自治县富岩镇

澜沧拉祜族自治县糯福乡

澜沧拉祜族自治县糯福乡

临沧市临翔区
南美拉祜族乡

基诺族

20 世纪 50 年代景洪市基诺山
基诺族乡征集

基诺是民族的自称，意为尊崇舅舅的民族。基诺语属于汉藏语系藏缅语族彝语支。基诺族没有自己的文字。据2020年第七次全国人口普查统计，基诺族有25268人。主要聚居于西双版纳傣族自治州景洪市基诺山基诺族乡，其次是景洪市勐旺乡补远等自然村。

一、服饰的历史沿革

基诺族相传是三国时代跟随诸葛亮由北南征而来。清代，基诺族被称为“三撮毛”。道光《普洱府志》载：“男穿麻布短裤，女穿麻布短衣筒裙。男以黑藤缠腰及手足，发留中、左、右三撮。”这与现代基诺族的服饰有所差别，但基本的特点是被保存下来了的。

二、服饰的支系形制

基诺族内部有“阿细”“阿哈”“乌攸”之分，其服饰为：

阿细，男子喜穿无领对襟衣，无纽扣，前襟和胸部有红、蓝、黑色花线条，背上有方格，方格里由各色线绣成花纹，似太阳花。下着折裆裤，腿部打白绑腿，头包黑色或蓝色包头。女子头戴三角帽，胸前围三角形围腰，外穿无领对襟蓝、红、绿花条衣，袖子镶有花纹条布。下着红布镶边的黑色合围短裙，两端交结于腹前，腿部打蓝色或黑色绑腿，多赤脚。少儿不打绑腿。

阿哈，男性头包黑色包头，喜着蓝色或黑色布衫，下着黑色长裤，腰间系一条两端用各色花线绣成太阳图案的腰带，腿部打黑色绑腿。妇女头戴三角帽，胸前围三角形布围腰，外穿无领对襟黑色上衣，衣服中段织有花线条，背上绣有花图案。下着红布镶边的黑、白色合围短裙，打白色绑腿。近年有的寨子受傣族影响，短裙改上端用红、黑线合织花纹，下端为黑色的长裙。

乌攸，男性同阿细服饰，手戴银镯。女性头包黑色大卷包头，上衣同阿细服饰。下着白色长筒裙，打黑色绑腿，多赤足。

补远，属乌攸，但服饰与基诺区有所不同。妇女的头发往前盘，用青、黑色布帽包头，平顶，上多盖一块成角形的方巾，三角布帽较小，后巾稍长一尺许，胸前围长条围腰，镶有许多银泡，外穿黑色无领对襟衣，下着白色短裙，内穿半长紧腿裤。该地服饰无论用料、色彩、风格都与其他不同，有缨缀的包头最具代表性，用青、黑布包头，发垂于后肩，包头下呈圆形，盖成角的平顶方巾，方巾前沿用红、黄、绿彩线缀边，巾前左、中、右垂彩色缨穗三朵，后两朵，左右双耳也垂吊同样色彩的穗串，配上青绿色外衣和织绣有花纹图案的外褂，整套装束，较为清爽。

基诺族服饰并不复杂，虽然在内部支系上有些小的差异，但总体的服饰形制是比较统一的。这与他们居住地比较集中，人口较少有关。三个支系的服饰，其穿着方法，工艺技术及文化内涵为：

妇女着对襟长袖上衣，无领、无扣。衣的上半部多用黑布或白布，下半部和衣袖多用红、黄、蓝、白等色布配制而成，并用红色布镶边。上衣背部缝一约三寸见方的白布，上面绣有圆形图案，称为“月亮花”。穿时衣襟展开，襟边无扣，缝小布条可将衣襟拴紧。胸前挂一块挡胸布。挡胸布制作分两段，上段用横条色布做成，下段用黑或蓝布做成，有的还有色线或银泡镶绣

种种花纹图案。这是基诺族妇女的特殊装饰品。

基诺族妇女，下身多着红色镶边的黑色全围短裙，短及膝部，两端交接于腹前。老人穿的裙子稍长一些，由五颜六色的色布拼成或用条纹的麻布做成，膝以下箍黑布腿套。年轻女子腿部打蓝色或黑色绑腿，多赤足，少女不打绑腿。

基诺族服饰中最有特色的是妇女的头饰。妇女不分老少，均戴披风式尖顶帽，又称三角帽。用竖线花纹土布对折，缝住其一边而成。戴时又在帽檐上折起一道边，像个少缝了一边的口袋罩在头上，遮住头和两颊，顶上竖一尖角，下面如披巾，通常为白色，有的还在帽檐下用白珠、绒线和羽毛做穗子。尖顶帽还是女性未婚和已婚区别的标志：婚前头发梳髻于脑后右方，散披在肩上，帽成尖顶形；婚后则将头发打结并用竹编发卡卡住，帽子前倾，帽尖成平顶。

三、服饰与风俗

基诺族无文字，民族历史和文化常被记录在服饰上。据神话传说，基诺族的创世始祖“阿莫晓白”从水里浮出来时，头戴白色尖顶帽，身穿素白裙，后人照她的装束缝制了自己的服饰。白色尖顶帽成了民族的标志，衣裙上“人”字形的花边图案，是寓意把“祖先”和“祖灵”绣在衣服上，以示继祖传宗。传说中还认为男人有九个灵魂，女人有七个灵魂，于是在衣裤镶缝不同色布，九条代表男性祖灵，镶七条是纪念女性祖灵。

基诺族男子，内穿衬衣或麻布褂，外穿无领、无扣、开襟短衣。衣长及小腹或肚脐处，多用白底直线条纹土布制成，双襟合拢时用布条连接。外衣背部一般都缝有绣在白色方块布上的圆形图案，基诺族称“波罗阿波”，意为太阳花或月亮花，用红、黄、绿、白等彩色丝线缝绣于衣背上。图案由中心向外展开，呈放射状线条，光芒四射。图案四周往往还加绣有兽形图案和几何形花纹，使其花纹色彩更加丰富和谐。日、月花图案，又被称为“孔明印”，据说是基诺族先民跟随诸葛亮南征掉队，诸葛亮赐予茶种，让其种植，并教他们依照自己的帽子式样造房盖屋，才生存了下来，因此，在自己的衣背上刺上“孔明印”，以示纪念。其实，基诺族崇拜太阳、月亮。日、月永远挂在天空，子女也要永远铭记父母的养育之恩，只要见到日月花饰就会想起父母。因此，日月花饰还是基诺族男子成年的标志，佩缀它需要经过成年礼仪式方可。凡年满十

五六岁的男孩，在劳动或出门办事时就会受到一次事先埋伏好的青年的突然“劫持”，然后将他“绑架”到举行祭祖仪式的会场，在庄严隆重的仪式中接受村主任、老人的祝福，并得到父母赠送的全套农具和缀有太阳花的衣服。只有经过成年礼，穿上太阳花饰的衣服，才能取得正式村寨成员的资格，开始具有村寨成员的权利和义务。穿上这种具有村寨族徽功能的衣服，便可谈情说爱，参加男女青年的组织和活动。

基诺历史上有“三撮毛”之称，主要是因男性头上的特殊发型而得名。光绪《普洱府志》说：“三撮毛，种茶好猎。剃发作三鬌，中以戴天朝，左右以怀父母。普洱府属思茅有之。”这种习俗至今在老年男子头上还可见到。男子头上留发三撮，额前正中一撮，头顶、脑门心两边各一撮。但有些村寨只留一撮，有的在额前正中，有的在头顶上，长约寸许，用宽约一尺，长丈余的黑布或蓝布缠头。

男女皆穿耳，并在耳垂上装上竹木制或银制的刻有花纹的耳珰。传统观念认为，耳不穿孔不佩耳珰不美观，是懒人，找不到对象，会受到社会的歧视。因此，耳珰上的佩饰不仅多种多样，而且认为耳珰的洞越大越美，甚至在耳孔上塞进直径约二指粗的耳珰，有的不戴耳珰时，还在耳洞上插一朵鲜花、茶叶的绿色嫩尖或是塞上木塞或纸卷。基诺族妇女耳穿孔戴环，比男子更有风度。她们的耳饰多为空心柱形软木塞或竹管和鲜花。基诺山鲜花盛开，草叶茂盛。妇女们将采来的鲜花翠草插在耳塞的边侧或耳塞孔内做装饰。有的妇女为保持花的鲜美，一天当中要更换几次。通常在女孩长到七八岁时，便要在双耳上穿孔，内塞竹、木管。随着年龄的增长，耳塞也由细到粗，耳孔也就逐渐扩大。长到十五六岁时，当她们在耳朵孔里插上芬芳美丽的鲜花时，就标志着已经成年，可以谈情说爱了。青年男女在恋爱时，喜欢相互赠送花束，插在对方的耳孔或耳珰眼里，以此表示爱慕之情。

基诺族无论男女，都有染齿的习俗。其法是将燃烧着的梨木放在竹筒内，上面盖有铁锅片，梨木在竹筒中继续燃烧，烟脂便不断地凝结在铁锅片上，待铁锅片上的烟脂成发光的黑漆状时，即用手拔拈铁锅片上的梨木烟脂染齿。染齿也是一种互相爱慕和尊敬的表示。青年男女在一起相聚时，姑娘常把铁锅片端到自己已爱慕的男青年面前请其染齿。此俗是基诺族的古老传统。

景洪市基诺山基诺族乡

傈僳族

20世纪80年代腾冲市
猴桥镇征集

傈僳族主要聚居在云南省怒江傈僳族自治州，据2020年第七次全国人口普查统计，傈僳族有705203人。散布在云南维西傈僳族自治县和迪庆藏族自治州的香格里拉、德钦等县；德宏傣族景颇族自治州的盈江、梁河、潞西、瑞丽、陇川等县；大理白族自治州的云龙、漾濞、宾川、永平、祥云等县；楚雄彝族自治州的楚雄、元谋；丽江市的玉龙、永胜、华坪、宁蒗等县；保山市的腾冲、龙陵、昌宁等县傈僳族散居在金沙江、澜沧江、怒江流域的河谷坡地上。海拔大都在1500米以上，山势陡峭，江水奔腾，交通险阻。在怒江地区，山中道路崎岖，中华人民共和国成立前，渡江工具仅有竹篾溜索及独木船，故此与外界交流甚少，服饰较多地保留着民族的传统。

一、服饰的历史沿革

傈僳族源于南迁的古氐羌人，所以服饰应与氐羌族群为同一形制。明清以来，史籍中有关傈僳族服饰的记载不少，清《皇清职贡图》载："男人裹头，衣麻布，披毡衫，佩短刀……妇女短衣长裙，跣足。"《中甸县志稿》载："力些（傈僳）族衣服纯用麻布，男服不褐不衫，长仅及膝，科头跣足，丰雉辫发，麻布裹腿。妇女皆系麻布长裙，终生跣足，喜编连贝子为串，缀于巾帼，以为首饰。"余庆远《维西见闻纪》中也描绘了傈僳族先民的服饰："男挽髻戴簪，编麦草为缨络，缀于发间，黄铜勒束额，耳戴银环。优人衣，归则改削而售，其富者衣之。常衣杂以麻布、棉木、织皮，色尚黑。裤及膝，衣齐裤，膁裹白布。出入常佩利刃。妇挽发束箍，耳戴大环，盘领衣，系裙曳袴。男女常跣足。"清末民初，片马一带的傈僳族服饰："男人上衣长短不一，大裤，头着小帽，或以青布缠头，与汉装略同。女则首包巾一块，身穿麻布衣服，衣料多为田字形花布，衣缘则遍饰贝子，其长可以遮胯，而下不及膝，着裙，无裤，铜镯银环，饰于手耳，颈挂素珠之项圈一套，胫缠花布方巾一块。男女皆跣足。"（《云南边地问题》）

民国年间至20世纪60年代，对傈僳族服饰记录较为翔实的有《云南少数民族风俗习惯》：傈僳族是种麻和织麻的能手，中华人民共和国成立前大部分地区的傈僳族男女都穿麻布衣服。因此，傈僳族几乎家家种麻，户户织麻，在他们的民族当中，便有一个麻氏族。据调查，麻氏族以善于种麻和织麻而得名。此外，又由于他们所穿

的麻布及衣服的颜色差异而又分为白傈僳、花傈僳、黑傈僳三种。怒江州的傈僳族主要是白傈僳和黑傈僳。白傈僳妇女的服饰很美丽大方，上衣右衽，系麻布长裙。已婚妇女耳戴大铜环，长可垂肩，头上以珊瑚、料珠为饰，插雉鸡尾，胸前佩一大串玛瑙、海贝及银圆。这种胸饰称为“拉黑底”。有的妇女还在上衣及长裙上镶许多花边，行动时，长裙摇曳，婀娜多姿。黑傈僳妇女穿裤而不穿裙，青布右衽上衣，腰间系一绣花小围腰，青布长裤，青布包头，耳戴珊瑚。永胜、德宏一带的花傈僳，服饰较为鲜丽，头缠花布头巾，耳戴大铜环和银环。男子的服饰较简单，均穿麻布短衫，裤长仅及膝，青布包头。过去，男子均蓄短发辫，缠于脑后。奴隶主、头人左耳戴大珊瑚一串。凡男子都在左腰间上佩砍刀，右腰挂箭包。箭包大都以熊皮、猴皮制成。不论男女均跣足，攀越危岩，步履如飞。

二、服饰的区域形制

傈僳族服饰因居住地区不同差别很大，总体说来服饰可分为三种形制。

怒江地区　聚居在怒江州一带的白傈僳、黑傈僳妇女，服饰仍保留着古服遗风：都上穿短衣，短衣长及腰间，对襟圆领，无扣；平时衣襟敞开，天冷时用手掩住或用项珠、贝饰等压住。白傈僳在短衣外套坎肩，下着长裙；裙长及踝，褶纹较多；裙和坎肩均用红、黄、绿、白各色布条拼接。其面料以自织的麻布、棉布为主。黑傈僳则下着裤子，腰间系一小围裙，青布包头。无论是白傈僳或是黑傈僳，已婚妇女耳戴大铜环，长可及肩，头上以珊瑚、料珠为饰；年轻姑娘喜欢用缀有小白贝的红线系辫；有些妇女在胸前挂一串玛瑙、海贝或银币。

过去，怒江傈僳族男子都穿麻布长衫，跣足。成年男子爱好在左腰佩砍刀，右腰挂箭袋。男子均喜编短发辫缠于脑后。

保山地区　腾冲是保山地区傈僳族最集中，人口最多的一个县。

男子头戴海蓝色布串篾笆花的包头，上身内穿及膝的长衫，外罩海蓝布高领大襟衣，下穿蓝、黄布大裆及膝短裤，裤脚用白棉线绣起花边，左右肩各挂一个绣花挎包，缀满贝壳，腰部用金黄布紧紧缠起，上身白衣及黄外衣，背部缀一条用各色绒线织成的缀子。胸前挂一圈钉有毛线搓成的项圈，过去，凡出门必长刀弩箭齐备。

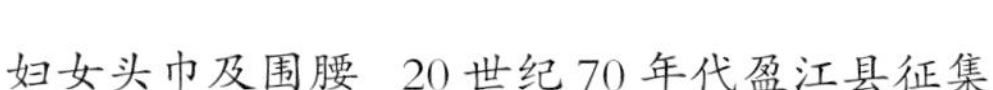
妇女头巾及围腰 20世纪70年代盈江县征集

妇女头上包一块两头用红、黄、白色小布块拼花、长一丈的海蓝色布包头，包头外钉贝壳和毛线绣球。耳戴金瓜大环和银须小环。上身穿及膝大襟衣，吊布下垂有彩色布制成的流苏，外套一件用三色布拼成的褂子。下身内着蓝布及膝短裤，外套彩色裙子，腰系一条蓝布并绣花边的长腰带及两块内长外短的围腰。逢节日喜事时，再系上飘带、小响铃及十二个装有大小口弦的骨筒，腰后部系三角形垂缨络小挡片，胸前戴各色大小珠子项链。

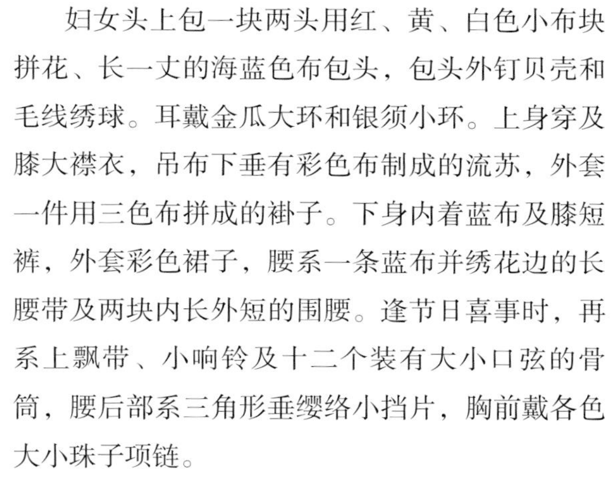

无论男女，膝盖上均戴着数个腰箍，膝盖下都裹有白布缝制的吊筒。

龙陵傈僳族服饰。《龙陵县志》载：“以前的傈僳族男子裹头，披毡衫，佩短刀；妇女短衣长裙，跣足，以头负竹篓出入。”现在，男人的传统服饰为长条青布包头，大襟黑布衣裳，外套麻布或羊皮褂子，下穿裤脚肥大且短及膝的黑布裤子，膝下小腿部分各围一布筒。外出时，一肩挎长刀，一肩挎饰以花纹图案，缀缨络的绣花麻布筒帕；打猎时则以弓弩火枪为武器。

女子服饰为圆盘式青布包头，外加一条两端缀满缨络、绒球的绣花彩带，从包头的前半部对称盖下，再将两端向前提起，交叉于前额，再由头顶并列盖向脑后。衣着大襟衫，前襟短于膝上，后襟长及踝骨。领口、襟边、袖口处钉有彩绣花边若干条，自领口沿襟边至右腋下，也有加钉一两串杏核般大小的银饰半球。腰系一块饰以花边图案的长围腰，绣工精美，图形对称，色彩焕然，长度以腰下与上衣后襟相等。围腰前正中部分，加钉一块比围腰短的小围腰，长方形，多用彩色布拼成，上端钉于长围腰带上，下端密钉一排贝壳，状如麦粒大如枣。腰系两块对称垂于后腰下的三角形黑布，以身高而定长短，下端各钉一绺缨络。黑布短裤，膝下小腿部分各围一布筒，多以彩色布拼成。

傈僳族无论男女，多赤足，也有穿布鞋、麻草鞋的。多数人喜嚼槟榔。

花傈僳服饰。男子戴蓝布或黑布大包头，身穿蓝色斜襟衣，下穿大裆裤，腰扎蓝布腰带，小腿上套有布制脚筒和上百个黑膝篾箍。女子戴黑布盘状大包头，包头前额呈方形，后部缀有彩色垂须，身穿蓝布斜襟半长衣，下穿普通蓝布裤，腰系布腰带和花边围腰。

黑傈僳服饰。男子头戴黑布大包头，身穿自织细麻布长衫，下穿普通黑布裤，外罩自织白麻布，黑条纹，长衫。女子头戴正面镶有骨制圆扣

麻布褂　20世纪50年代维西傈僳族自治县征集

和珠子的圆盘式包头，身穿前短后长斜襟衣，下着普通布裤，腰系黑布镶花边围腰。

德宏地区　以盈江花傈僳服饰为代表，其制作工艺和着装方法都颇具特色。妇女上穿蓝布长袖衣，衣襟前短后长，前及小腹，后及膝，上衣外套一件宽松的坎肩。坎肩由红、白、绿、黄等色的长方形布块平行排列缝制而成。下穿长及脚踝的两层围裙。蓝色腰带束腰。此腰带中间是空的，可当作袋子用来盛物，与小凉山地区彝族的腰带相似。腰带两端呈斜角，缀红色绒球，束腰时，腰带作逆时针方向绕两三圈后，将腰带的两端在臀后组成X形，然后再穿上双层花围腰。围腰的里层为黑色，是裙的主体，又宽又长，可环绕大半个身体。裙上用红、黄、白色布条镶边，有的还在下边刺绣花卉纹和几何纹；外层围裙略短，垂于腰前，也以红、黄、白色布条镶边，下端嵌海贝，绣几何形纹饰，两层围裙与一块横向放置的布带相连接，布带由红、黄、绿、白等色布块间隔排列拼制而成。布带并不起束扎作用，而只是附于腰间，其上再环绕一条织锦花带。花带的中段用海贝镶成“十”字形花纹，最后用一条两端有红穗的细带将围裙及织锦花带一齐捆扎在腰间，细带上的红穗垂于身后。

男子麻布长衫　20世纪50年代泸水市征集

妇女包头帕，头帕用蓝布做成，两端各镶拼三十五厘米长的由红、白、黄三色布条交错镶制而成的花边，饰有红穗。包头时，将有红穗的一端置于头的左侧，左手按住，右手执另一端从右向左作逆时针方向缠绕，绕三圈系扎定位即成。然后在扎好的头帕上搭一块由红、黄、白三色拼成的头巾。巾上绣有箭头纹样，垂红、黄、绿色绒线球和红穗。

泸水市古登乡

泸水市古登乡

福贡县上帕镇

福贡县石月亮乡

福贡县上帕镇

腾冲市猴桥镇

镇康县勐堆乡

陇川县户撒阿昌族乡

镇康县勐堆乡

维西傈僳族自治县叶枝镇

兰坪白族普米族自治县中排乡

普米族

普米族古称“西番”，又名“巴苴”，自称“培米”“拍米”“批米”，汉族、白族称普米族为“西番”，藏族、摩梭人称之为“巴”，彝族则称其为“俄祝”，丽江纳西族称之为“博”。1960年，根据本民族的意愿，正式定名为“普米族”。据2020年第七次全国人口普查统计，居住在云南的普米族有43061人。普米族以兰坪县、宁蒗彝族自治县为主要聚居区，其次是丽江、永胜、维西、中甸（今香格里拉）等县及四川省部分地区。

一、服饰的历史沿革

普米族在元明清时期称为“西番”。这个名字一直延续到中华人民共和国成立前。而元明清时期也在一定范围内称藏族为“西番”。关于普米族的早期服饰，见于史籍的有明代景泰《云南图经志书》载：“永宁府……多西番……佩刀披毡……妇女以膏泽发，搓之成缕，下垂若马鬃。”《蜀中广记》引《土夷考》说，宁番卫（今四川冕宁）周围地带的西番族：“刀耕火种，迁徙无常，不以积藏为事。”又引《上南志》说：“西番，人身长大系短，占住山地。男子发髻成条……妇女发亦结编，悬带珊瑚翠石为饰，身着短衣。食以青稞磨面作饼，酥油煎茶为饭。”清代以来，普米族服饰有了更明确的记载。道光《云南通志》载：“西番……男子编发，戴黑皮帽，麻布短衣，外披毡单，以藤缠左肘，跣足佩刀。妇女编发，缀以玛瑙、砗磲，亦衣麻披毡，系过膝筒裙，跣足。”这种服饰状况沿袭久远，后虽有所变异，但仍大体保持着传统的式样。20世纪60年代，普米族服饰已经形成不同地区的不同服饰特点。既有狩猎与畜牧民族文化的痕迹，也受到其他相邻民族的影响，富有滇西北高原的浓厚特色。

古代游牧民族一般是不穿裙子的，而普米族妇女常穿束腰的大摆裙，显然是在迁徙过程中从别的民族服饰中移植过来的。普米族长裙与擅长麻织的傈僳族长裙无论是质地还是款式均相一致。普米族束腰的腰带，其配色方式及风格与藏族的腰带极其相似，而且藏式上衣成为宁蒗普米族妇女最喜欢的式样。大理邻近地区的普米族妇女，将原来的对襟衣改变成近似白族女服的右衽衣，并一直延续至今。而丽江地区的普米族，有的妇女还披上了和纳西族妇女一模一样的七星羊皮披背。服饰面料原来只有麻、毛制品，后来增

加到棉制品，甚至从汉族地区引进了灯芯绒及高级面料。

二、服饰的区域形制

普米族服饰，为了御寒而比较厚实，服饰上很少有刺绣、挑花工艺之类的装饰。原因是服饰用料均为麻布和毛织品，毛类织物染色技术较难；同时，在粗纺的毛制品上施以刺绣、挑花，增加了厚度，穿着不舒服，纹饰也未必美观，所以，服色多为白色的麻织品和黑色的毛制品。在形制上，由于普米族居住分散，受其他民族的影响较大，服饰有着地区的差异。云南普米族服饰大体可分为宁蒗、兰坪两种类型。

宁蒗型服饰　宁蒗妇女，无论婚否，均穿右衽、高领、镶边的大襟衣；下穿宽大的百褶裙；特别喜用红、绿、黄、蓝等色线织成的彩带密缠腰间，将腰部束得很细，既实用又美观。妇女头部用彩色线、牦牛尾与头发缠裹以后盘于头顶，并垂下一束至右肩，外罩一大包头，头型以粗大为壮观，是颇具民族特色的装束。

男子服饰。男子仍保持着穿右衽高领衣，头戴毡帽，穿窄裤，足蹬长筒皮靴。一般不戴首饰，多佩挂刀、枪之类物件，既供劳动狩猎之用，又能显示男子的英武和勤劳。

兰坪型服饰　云南一半以上普米族聚居于维西、兰坪一带，故此地服饰具有相当的代表性。妇女服饰，喜穿青、蓝、白色右衽、镶边、大襟短衣，外罩色彩鲜明的黑、白、褐色的坎肩小褂，穿深色长裤，腰系略绣花边的围腰。节日或婚礼时穿花鞋，平时跣足。

兰坪普米族未婚和已婚妇女的区别在头部：未婚姑娘头戴蓝色或白色布帕，辫子编好以后，由左向右裹压布帕。衣服式样与白族相似，质料早先为毛质红色氆氇，现以红色或紫色灯芯绒为多。已婚妇女，将姑娘时的蓝、白色头帕改为黑色头帕，用黑布打包头，向世人表示自己已经出嫁。至于衣、褂、裤、围腰等，婚否无别。少数妇女，喜欢将发编成十二辫，缀以红、白料珠十二双；富裕者耳坠银环，项挂有珊瑚、玛瑙、玉珠连成的串珠，胸前佩戴“三须”或“五须”的银链。老年妇女，在衣服的款式上，为穿着方便及掩蔽自己变得瘦小的身材，特地把衣服的后摆和围腰做得很长，衣服颜色多采用耐脏的蓝、青、红、黑、紫等色，仍少用白色，不用头帕，而用包头。

兰坪白族普米族自治县通甸镇

男子服饰。云南兰坪普米族男子，早期穿麻布大襟衣，后由对襟短上衣替代，外披羊皮领褂。比较富裕的人家，穿氆氇或呢质大衣。下着肥腿大长裤，膝下用布毡裹腿至踝。佩刀，大多赤足。头部装束按年龄不同有所区别：老年人喜戴黑头帕，成年人喜戴自制的黑毡帽，青年人留短发。喜佩刀、枪。

三、服饰与风俗

普米族与纳西族（摩梭人）一样，有着“成丁礼”的习俗，即儿童年满13岁，由父母或舅母为其换装，男童改穿上衣、长裤，少女为短衣、百褶裙。着成年装后，就可交“阿注”了。

兰坪一带的普米族妇女，不管穿什么样的服装均佩戴首饰，认为首饰有庇护吉祥安康功能。少女首饰多缀于头帕或帽子上。饰件以獐牙、银佛像或银质吉祥物为主，也有用铜制品的。成人首饰则以各种质地、各种款式的耳环、手镯、纽扣、戒指、玉坠等最常见。首饰的归属也很有意思：妇女一旦得到某件首饰，便归其终生所有，任何人无权干涉，如果未曾表示过赠送给谁，那么，在她亡故时，这件首饰就入殓陪葬。

兰坪白族普米族自治县通甸镇

兰坪白族普米族自治县啦井镇

兰坪白族普米族自治县河西乡

苗　族

20世纪80年代永平县龙街镇征集

苗族是中国一个古老的少数民族。据2020年第七次全国人口普查统计，居住在云南的苗族有1253291人，主要分布于文山壮族苗族自治州、红河哈尼族彝族自治州、昭通市、昆明市、楚雄彝族自治州等，散居于除迪庆藏族自治州、德宏傣族景颇族自治州以外的14个州（市）。云南的苗族大多居住在汉族、瑶族、彝族、哈尼族等兄弟民族之间，且多在高山之巅和半山腰。村寨比较分散，村寨周围，林木茂密，烟云缭绕，景色清幽迷人。由于特殊的地理环境和历史文化原因，苗族服饰，无论是制作工艺，或是社会文化内涵，都特点突出。

一、支系的服色区分

云南的苗族有多种支系，都以“蒙豆”“蒙周”“蒙卑”“蒙斯”“蒙刷”等自称。而在历史文献中，则把苗族分别称为“白苗”“花苗”“红苗”“青苗”“汉苗”“黑苗”“绿苗”等支系。另外，还有“红头苗”“大头苗”“尖头苗”“蒙沙苗”等称呼。这些称呼基本上都是以妇女衣服颜色或头饰的不同特点来划分的。民国《马关县志》载：“苗之种类虽多，风俗语言无异，亦不过装束上之区别。……妇女穿百褶麻布花裙，不着裤，以白麻布裹两腿，短衣无钮以左右襟交搭，系以腰带。无论男女胸膛露于外者称之曰叉叉苗。男子衣裤用棉布、有纽扣与汉服略同者，称之汉苗。妇衣装用白色，以青色镶领袖口者，称之为白苗。衣服头帕用青色，称之为青苗。妇女扎红线于发，其粗如腕，盘于头顶者，称红头苗。头式如红头，而戴花披肩，于领襟袖口腰带均绣以红黄色花纹者，称之为花苗。”

民国《邱北县志》载：“苗人有青、黑、花三种，各以服色分。男以蓝布包头，女卷布成盘包头，状如小簸，以木梳绾发，穿短衣系筒裙。”《新编麻栗坡地志资料》载：“青苗人，妇女不服裙，一切衣裤装束与汉族略同……以其类，无论男女纯着青色麻布衣而得名。花苗人，妇女服裙，以染花为辫。红头苗，以其妇女头上喜欢红花布作巾顶戴而得名。”

“花苗”穿花裙子，上面绣满精致美观的图案。“黑苗”穿黑裙子，但裙边用红、蓝、白三色剪贴成花边。“青苗”妇女裹青纱头布，穿白底青条纹裙子。“白苗”穿白裙子，但也有的不穿裙子穿白色短裤者。“青水苗”穿青色蜡染的

民国绣花男长衫　20世纪50年代征集

织花女上衣　20世纪50年代安宁市征集

素花裙子。“绿苗”妇女穿蓝布衣并穿小鞋。“老林苗”居住在高山老林里，穿裤子，系围腰。“汉苗”意为能讲汉语的苗族，服饰接近花苗。“偏头苗”将头发梳向一边。各支系的苗族妇女除裙子花纹、颜色不同外，上衣和头饰都有自己独特风格，各支系的男子服装没有什么区别。（《云南苗族瑶族社会历史调查》）

明清以来，特别是民国年间的地方志书中，有许多较为详细的记载。

《云南通志》载昭通地区苗族服饰：“男子缠头，短衣，跣足；妇女以青布为额箍，如僧帽然，饰以海贝，耳缀大环，衣花布绿缘衣裙，富者或以珠缀之，白布束胫，缠足著履。”乾隆《镇雄州志》记：“苗子，种类甚繁，曰黑、曰青、曰红、曰花、曰长尾。黑为贵，青次之，红及花为贱，长尾又次之。”光绪《丽江府志稿》载苗族服饰为：“男子衣尚白，束发耳环，十岁以上，皆以楮皮加额，至婚始去之。妇女衣亦尚白，不论诸种皆同，惟裙色则分别，如白苗用白，花苗用花之类。”《罗平县志》载：“男子性好猎，女头顶高髻，跣足，筒裙。花苗，妇女装束与白苗同，自织花布为衣。男子头束白巾，服装同汉族。”《中甸县志稿》载：“苗族衣服多用麻布，亦间有大布者，男子多着麻布大衫，系带，赤足，科头，辫发。妇女皆系麻布围腰，终身跣足，多以贝子为装饰。男子均喜麻布裹腿。”

二、服饰的区域形制

苗族服饰千姿百态，绚丽多彩。不同地区不同支系的苗族服饰，在保持民族传统共同特点的基础上而各有千秋。目前在云南省境内搜集到苗族不同的服饰资料30余种，但也尚未遍及全省苗族服饰的内容。下面仅就搜集到的资料分地方做叙述。

红河州苗族服饰　金平苗族，未婚女子挽发髻，并将发髻偏朝一边；已婚女子偏发上插一木梳，然后用黑布将长发缠成平顶大盘状，顶心露出木梳；老年妇女用深色线缠发，挽成角状。妇女的花裙不仅图案雅致、工艺精巧，而且保存了古老民族织、染、绣的技巧，是一件绝好的工艺美术品。苗族姑娘的花裙，无论是穿在身上还是晾晒在竹栅栏杆上，都是美的。年轻的苗族姑娘穿着花裙走起路来，裙子左右摆动，前后飘飞，健美的双腿，时隐时现。

20 世纪 50 年代富宁县征集

金平苗族男子腰系红布带，黑色短上衣，袖口镶绣图案。多赤足，上路穿草鞋，节庆，休息穿布鞋。

屏边苗族妇女头饰有两种形状：新华地区用青纱绕发成尖头状，顶部前后披两块绣花头带，下垂各色须状线条；白云、白河地区用青纱裹盖半耳，头顶饰有绣花花带。妇女分别用花纱、青纱、白布、黑纱线或平头型（顶部用月形）梳子别住头发，共同的打扮是戴银耳环、手镯和戒指。未婚女子喜戴项圈，长发盘髻，穿自织麻布褶裙。

屏边苗族男子穿麻布靛蓝色对襟衣和麻布靛蓝宽裆裤。妇女穿无领斜襟上衣，加小领或姊妹装型，颜色及花纹则各地有别。有的穿白衣白裙，上衣托肩，衣袖刺绣各种花木鸟兽图案，上衣多用青蓝布刺绣花鸟纹饰。裙子稍有不同；有白色裙子，中为蜡染图案，下着藏青色加绣“米”字形宽花边；也有裙子上部为青色，下部是蜡染图案，加绣红、绿、黄蜘蛛网形或方块花图案。小腿上都裹有刺绣各色花纹的绑腿布。

建水苗族男性穿青蓝布对襟衣，下着直裆裤，束大腰带，头缠青色包头巾，头顶有头发露出。女性上穿无领叉襟衣，下着有褶皱的短裙，裙前系一长及脚面的围腰，小腿上缠有绑腿。已婚妇女挽锥形发髻于顶；未婚女子编两辫盘于头上，再以丈余长的绣花花带缠绕成大盘帽，顶上露发。耳坠耳环。

建水苗族女性上衣和围腰都有绣花图案，图案做工精美，均为自织自绣。苗族女子擅长纺织、刺绣和蜡染，女孩长到八九岁时就开始学绣花，心灵手巧的姑娘长到十五六岁时，绣花技术就已达到相当高的水平：所绣图案工艺精细，所绣之物栩栩如生。

文山州苗族服饰　白苗、花苗和偏苗三个支系的男子皆以布巾包头，穿麻布衫，戴披肩，穿长裤。妇女服饰的特点比较突出。

白苗妇女穿白色麻布裙，前额头发剃掉，用蓝布扎头额，包头很大，呈圆形。身穿对襟衣，无领、色蓝，袖上绣花，披肩上有正方形图案，有围腰布，蓝、红、黄等色。下身不穿裤，只穿一条较厚的白色麻布裙，裙有褶裙，长及小腿部。小腿有绑腿，绑腿布系黑色或蓝色。赤足。

花苗妇女穿白底蓝花的麻布裙。头顶以长发盘一个手镯状的环形大髻，髻上插一个小木梳；有些花苗以花布将头发束成漏斗状。上穿无领右开襟的绣花衣。系围腰布，围腰布上绣有较多的

男服　20世纪50年代永平县龙街镇征集

20世纪50年代元阳县新街镇征集

花纹图案，麻布裙上印着许多蓝色花纹，有褶裙，裙较白苗短，仅到膝弯处。小腿裹以红色有花纹的绑腿。赤足。花苗服饰，大多遍施图案，刺绣、挑花、蜡染、编织、镶衬等多种方法并用。特别是图案做工十分考究，令人眼花缭乱。尤其是从图案中往往可以寻找出苗族的历史踪迹。花苗服饰图案，在其黑色圆领斜襟、窄袖衣的领边，衬肘绣有红、黄、蓝、白等花纹，纹路多呈花状、江水状。据说这些花纹象征着苗族祖先所居之地；红、绿波浪花纹代表江河、长江，大花代表京城，交错纹代表田埂，花点代表谷穗。

偏苗妇女头上不包布巾，将头发梳成偏向一边，故曰“偏苗”。未婚的偏苗女子，头上不插木梳而是编成小辫子。已婚妇女则把头发披下来偏在一边，并插上一个木梳。上衣为青色或黑色，右开襟，腰巾绣花。裙子比白苗更长，长及脚踝。裙子用黑色或青色，有内外两层，内层是麻布，外层是棉布。裹黑色绑腿，赤足。

白苗、花苗和偏苗妇女的服饰，虽有明显之不同，但都穿麻布裙。苗族住高山，多种麻，自织自用方便，麻布裙厚重牢实，不怕风吹，上坡下坎，能严实地盖住下身。苗族妇女都喜欢佩戴银链、银耳环、银手镯等。

昭通地区苗族服饰　威信的白苗，男子青布包头，白汗衫，蓝色或青灰色外衣，拴腰带，打绑腿，有时外罩长衫再拴腰带，脚穿草鞋。妇女的服饰，未婚女子都不包头，已婚妇女用青色布包头。包头布外层绣有各色花纹图案，有的包头内用一根竹篾编成圆圈，再加以衬垫，显得挺拔而高洁；有的则在头上用个毛编的圈加以装饰。妇女身穿绣花衣，下着麻织花纹百褶裙，裙子一般要穿三四条，最多的达九条。裙子精工细绣，图案精细。白布腰带，下垂围腰。妇女脚都打绑腿，穿布袜，头上插有各种金银首饰。

值得探讨的是白苗妇女的盛装，因为它集编织、挑花、刺绣、蜡染四大类工艺于一身。其用途是逢喜庆节日、赶街串亲等场合作为礼服穿戴。为此，她们绣制的盛装花衣，已远远超越了以遮身护体、牢固耐磨的局限，而是以民族特有的意识，升华到实用与审美双重价值融为一体的境界。现就白苗妇女盛装的各个部位、工艺特点及文化意蕴等方面介绍如下。

上衣。由衣领、脱肩、胸襟、袖子四个有装饰的部位组成。每个部位的装饰手法和图案都不同，有着特殊的装饰美感。衣领纹饰工艺有两

20世纪50年代富宁县征集

种：一种是整条衣领在白底上以彩色丝线作几何形挑花图案，另一种则在整条领口处作对称刺绣。装饰的内容主要是花鸟鱼虫之类题材。

花围腰。白苗妇女使用的围腰有大小围腰两种。以天地为代表的大围腰叫“转角围腰”，因其围腰两边的图案在围腰的两角绕成一个转角纹而得名。花围腰的装饰组成，一是围腰头图案，工艺一般为三种：几何形的十字挑花，刺绣花图案，小方格内挑出几何形的边纹加以陪衬装饰。围腰边纹有左右条纹和转角边纹，均为二方连续纹样。其工艺以边纹工艺为刺绣，围腰头为挑花，其边纹多以挑花处理。边饰纹样内容较多运用传统的几何形二方连续图案。二是围腰心图案，以刺绣花围腰的布料制成，多数为黑色，也有选用绿、蓝、黄色的。

飘带。用以束腰的带子。花飘带早已超越了自身的实用功能，往往成为馈赠亲人的礼品或送给情人的信物。因此，装饰工艺异常考究和精细。装饰的部位都在带子的顶端。有用白色为底，用黑色或彩色挑制的，显得素雅而整洁；有以红色为底，用白色线挑制的，又给人以热烈和富丽的感觉。花飘带的装饰图案纹样，左右两边是对称的。尤其在飘带的制作上显其精湛的技艺。每边四条不同图案的飘带，是固定在围腰头上的，是活动的，穿戴起来，可多可少，每逢重要的场合，八条飘带一齐系上，行走于乡间小径，山风拂来，飘飘欲仙。

百褶裙。白苗妇女的裙子有花裙、素花裙、蜡染刺绣裙多种。挑花双面百褶裙，外层裙边装饰为白底上用红、黄二色挑出古老的二方连续纹样，其针法为锁花，显得严谨端庄。为增加“红配黄、亮堂堂”的色彩效果，又用正方形的白布贴补上正菱形的红布小方块，镶嵌于纹样之中，不但具有浮雕感，色彩也更加鲜艳夺目。内层裙边装饰由数段不同的二方连续、几何纹组成，工艺仍为锁花。色彩则在金黄色调的基础上，又增加玫瑰红和淡绿色作点缀。上下边用红白二色直条布块贴补成二方连续花边，有粗犷大方的艺术效果，形成层裙边图案风格迥异的两条花裙。白苗妇女的百褶裙，最普遍也最具有特色的是蜡染裙和蜡染刺绣裙。裙子由两个部分组成：裙头布和裙边布。裙头布不作任何装饰。裙边布即是用来装饰为花裙边的。裙边蜡染图案，形式多样，格局不一，可以说，很难找到裙边图案相同的两条裙子。

威信白苗妇女的蜡染裙边图案，在几何形骨架内安置的自然形象和几何形纹样，大部分是一代代

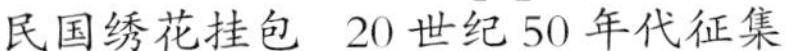

民国绣花挂包　20 世纪 50 年代征集

承传下来的古老而又不断变化的飞禽走兽、花鸟鱼虫或几何形传统纹样。这里值得一提的是，几乎在每条裙边图案中都不断地出现的螺旋纹。该纹样的基本形又称为旋涡形线，简称涡线。这种涡线组成的图案，看上去生动、活泼、亮堂。

玉溪地区苗族服饰。妇女服饰，大多保持着地区和支系的特点。其中以华宁和易门两县最有代表性。华宁一带的花苗妇女，穿前短后长的绣花衣，衣服都是夹层，里子用果绿、蓝色缝制，外层则用绣块装饰。衣袖用三至五块绣有各种几何图案的长方形绣花块包镶，直至肩际。双肩前后也镶绣花块，似坎肩样。襟边通镶绣花块，无领无扣。前片及下腹，后片至膝弯。穿两截百褶裙，上截净色，下截织横条纹花，料子多用麻布，褶较细，长仅及膝。裙罩垂满缨络，长方大围腰，直到踝关节。围腰带系好后，与衣服后片、裙子一样长，围腰周围镶绣花块，中间露出底色布。打绣花绑腿。整套服饰的花块，多用红色丝线，间以少量黑、蓝色线。盛装的花苗妇女，有如一朵艳丽的山花。

花苗妇女的头饰。苗族妇女都喜欢把长发与两根红、黑头绳混绞，边绞边盘，在头顶形成圆圈，有如戴一圆箍，再用五块花色头帕，打成一

挑花图案　20 世纪 80 年代马关县征集

个大盘。五块头帕的十绺缨络，均匀地散垂于四周，飘然有致。打一个这样的包头，颇费时间，有的姑娘干脆把包头打在一个帽箍上，不用时合盘摆好，需要时戴上即可。

花苗妇女喜爱挑花绣鞋花朵，自纺自织，精挑细绣。她们的衣服是夹层，里子用果绿、淡蓝色布缝制。衣袖包镶三至五块绣有各种几何图案的长方块，直至肩标。双肩前后镶绣精美的绣块，不似坎肩。绣块下垂黄色、红色和绿色垂缨。襟边、袖口也精工巧绣各种图案。花苗妇女制作一套衣服，一般要花费两三年业余时间，使得苗族姑娘，无论是田头地角或是家务空闲，都要抓紧时间飞针走线，精挑细绣。

镇康县南伞镇

马关县夹寒箐镇

金平苗族瑶族傣族自治县马鞍底乡

昆明市五华区厂口乡

昆明市富民县小水井

屏边苗族自治县大围山

麻栗坡县猛硐瑶族乡

屏边苗族自治县玉屏镇

金平苗族瑶族傣族自治县马鞍底乡

屏边苗族自治县大围山

金平苗族瑶族傣族自治县十里村

马关县金厂镇

麻栗坡县杨万乡

瑶　族

20 世纪 80 年代金平苗族瑶族傣族自治县征集

瑶族分布在广西、广东、云南、湖南、贵州等省区。据2020年第七次全国人口普查统计，居住在云南的瑶族有218825人。瑶族的支系很多，但云南的瑶族只有四个支系，即勉瑶、蓝靛瑶、山瑶、景东瑶。云南的瑶族主要分布于文山州的麻栗坡、广南、富宁、砚山等地，红河州的河口、金平、屏边、元阳、绿春、红河等地。其余居住在西双版纳、普洱等地区。

一、服饰的历史沿革

瑶族属古代的“百越”族群。《后汉书·南蛮传》载：“有畜狗，其毛五彩，名曰盘瓠。”因此，瑶族先民便有将衣服染成五彩颜色的习俗。《梁书·张瓒传》说瑶族“好五色衣裳”“衣裳斑斓”。这种习俗一直传承下来，至今，瑶族服饰，无论男女都要在袖口、裤脚和胸襟两侧绣上色彩鲜艳的花纹，或缀拼上六七种颜色的彩条花纹。有的地区瑶族妇女将好几条装饰得特别美丽的腰带头在臂部垂下一大截，形如尾饰。有的则将上衣剪裁为前短后长，这些都是“制裁皆有尾形”的遗俗。妇女多将长发挽成髻状，再覆以花帕。儿童常戴狗头帽，穿狗头衣。这些装饰都是对盘瓠形象模仿的遗迹，以服饰表示对祖先的怀念。

瑶族服饰，隋唐以来有了具体的形制。《隋书·地理志》记：“其男子但著白布裈衫，更无巾袴，其女子青布衫，斑布裙，通无鞋屩。”在装饰工艺上，也有了很大的发展，特别是蜡染工艺，宋代《岭外代答》说：“以蓝染布为斑……而溶蜡灌于镂中，而后乃释板取布，投诸蓝中。布既受蓝，则煮布以去蜡，故能受成极细斑花，炳然可观。”据《皇清职贡图》载，清初，“男女喜着青蓝短衣，缘以深色。……或时用花帕缠头……瑶妇亦盘髻贯簪。短衣短裙，能跣足登山”。后来，瑶族大规模地迁徙、分支，形成了今天众多的、各地区不同的服饰风格。

二、服饰的地域形制

瑶族分布地域宽广，支系繁多，名称复杂，服饰丰富多彩，各有千秋。就形制来说，有数十种之多。云南瑶族，主要有“蓝靛瑶”“平头瑶”“沙瑶”等。据史籍记载，这些不同支系的称呼，大多是以着装的特征定名的：蓝靛瑶是因妇女善种蓝靛和着蓝色服而得名；红头瑶、白头

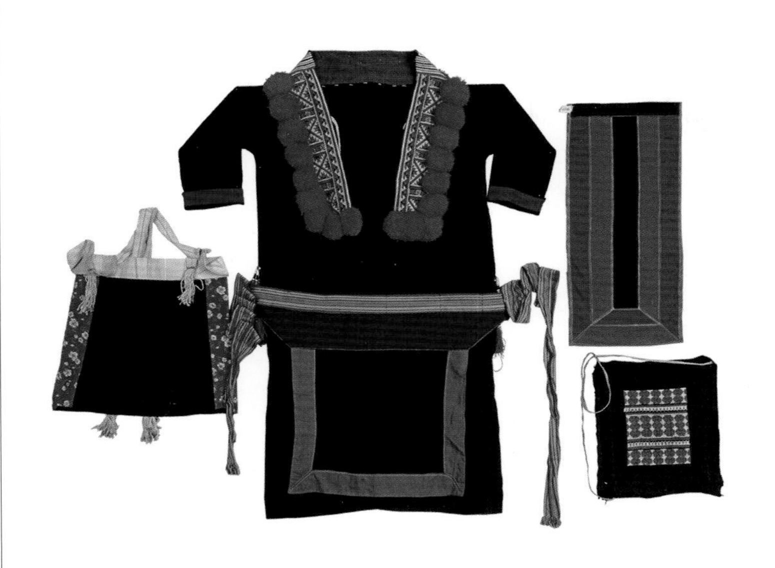

20 世纪 50 年代富宁县木央镇征集

瑶是因妇女分别用红布和白棉线缠头而得名；平头瑶是因妇女头顶一平板装饰而得名；花瑶是因从头饰到衣裳都绣满色彩斑斓的花纹而得名。

蓝靛瑶。分布在广南、西畴、富宁、河口、金平、绿春、江城、勐腊、师宗等地，各地衣饰大致相同，头饰有所差异。妇女上穿无领斜襟长袖衫，均为黑色或蓝色，皆用蓝靛染制而成。肩、袖边镶红、白、蓝等彩条，衣外罩蓝色或白色小垫肩。有的还在垫肩外挂银饰品，胸襟上钉密排纽扣并缀满方形及圆形银饰或红丝线串穗。腰围黑布腰巾，并系扎红、黑色织花带。下着长裤或长裙，裙边裤脚镶着红色布边。脚裹绑腿，以白棉线束发于顶，再用黑底白点布裹缠，并让白棉线从头顶和耳边露出。

盘瑶。信仰崇奉盘王的瑶族。云南金平盘瑶妇女用黑布包头呈塔形，上顶红布，再箍上串串银饰。黑布上衣的前胸饰有六七片长方形银牌，对襟，花边较窄。下穿挑花长裤，脚边起花，从大到小的树纹、八钩纹、马头纹，变化有序。河口地区瑶族妇女盛装时，以大红花布包头，挂上红绒珠、吊珠、银饰等，似满头披红的新娘。云南麻栗坡盘瑶妇女以黑布包头，外层缠彩锦。女上衣胸部装饰与广西田林盘瑶相似，大串红绒珠聚集在镶满瑶锦的对襟衣胸部。内衣上也缀满方形银牌。长裤以瑶锦制成，大腿至膝上也裹上层层瑶锦作装饰。

布努瑶。居住于富宁等地。妇女的黑布头巾两端绣满瑶锦图案。少女们在黑色包头上加固白底绣花，串珠的瑶锦，长发挽髻于脑后，并插上长长的银簪。穿青色右衽花边短衣，胸前挂半月形大项圈，并系有响铃、丝穗、方形大银牌和数串彩珠。戴耳环。下着百褶裙或长裤，围上蓝色围裙，臀后垂七条彩色挑花飘带。

红头瑶。主要分布在金平和河口两县，因头饰色彩为红色而得名。头饰有两种：一种为尖顶，一种为大圆筒状包头。衣饰上也有差别，金平红头瑶绣制精美的拼花图案长裤，为服饰一绝。

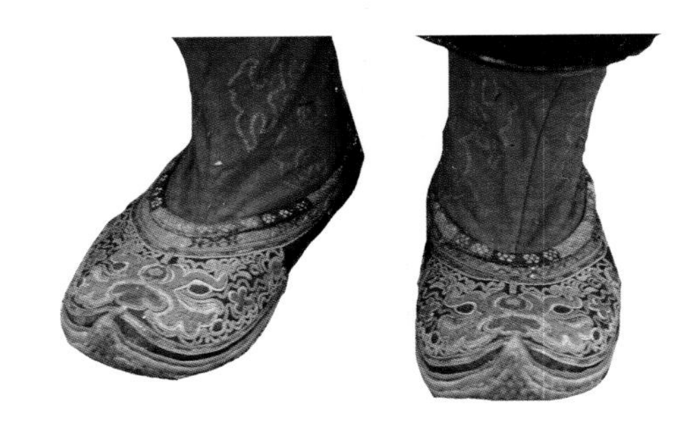

20 世纪 50 年代富宁县木央镇征集

20 世纪 80 年代勐腊县瑶区瑶族乡征集

20 世纪 80 年代河口瑶族自治县征集

师宗县高良壮族苗族瑶族乡

金平苗族瑶族傣族自治县马鞍底乡

富宁县木央镇

金平苗族瑶族傣族自治县大寨乡

麻栗坡县猛硐瑶族乡

河口瑶族自治县瑶山乡

金平苗族瑶族傣族自治县勐桥乡

金平苗族瑶族傣族自治县者米拉祜族乡

金平苗族瑶族傣族自治县者米拉祜族乡

金平苗族瑶族傣族自治县阿得博乡

河口瑶族自治县瑶山乡

勐腊县瑶区瑶族乡

金平苗族瑶族傣族自治县金水河镇

富宁县田蓬镇

壮　族

民国女上衣　20 世纪 50 年代广南县莲城镇征集

壮族以广西壮族自治区为主要聚居区，其余居住在广东连山、贵州东南和湖南江华地区。据2020年第七次全国人口普查统计，居住在云南的壮族有1209837人，其中主要分布在文山壮族苗族自治州。

一、服饰的历史沿革

壮族先民与傣族是同一族源，远古时代的服饰与傣族是同一类型。元明清时期，壮族普遍被称为“僮”“僚”等部族，服饰有了自己独特的风俗。明天启《滇志》中说：“习俗大略与百夷（傣）同……妇人衣短衣长裙，男子首裹青花帨，衣粗布如絺。”明朝初期，壮族土司服装非常艳丽辉煌，《赤雅》中载：“其女珠衣雀扇，火齐金镫，乍见讶为仙者。”到了清朝，壮族服饰有了新的变化。顾炎武《天下郡国利病书》中说：“壮人……花衣短裙，男子着短衫，名曰黎桶，腰前后两幅掩不及膝。妇女也着黎桶，下围花幔。”《广西通志》称：“男女服色尚清，蜡点花斑，式颇华，但领、袖用五色绒线绣花于上。”清道光《云南通志》说：“侬人，今广南、广西、临安、开化等府有此种，喜楼居，脱履而登，坐卧无床榻。男子以青蓝布缠头，衣短衣，白布缠胫。妇女束发裹头，短衣密钮，系细褶筒裙，着绣花履。”壮族传统着装，以蓝黑色衣裙式短装为主。近现代逐渐向衣裤型转变。男女均喜欢着白色或浅色上衣，式样分对襟和偏襟两种，又有圆领和立领之别。下身为黑色肥裤管长裤。赤脚或者穿草鞋。男子多戴斗笠，系宽腰带。女子以花头巾绾于头上，喜在头巾、围裙、衣服襟边、裤头、裤脚、鞋面等处镶饰色彩艳丽的花边或绣有纹样的面料。壮族传统服饰的面料，多为自织自染，其中尤以织锦最负盛名，广泛用作头巾、挎包、背带、腰带以及服装边饰。

二、服饰的区域形制

壮族人口众多，分布地域宽广。服饰差异除支系区别外，地域性差异也很明显。但男性服装各地差异不大。青、蓝布缠头，上穿自织青布对襟短衫，下着宽边大长裤，系腰带，腰带一般用两米多长的家织土布制成。山区年长男子，还穿斜襟长衫或短衫。妇女服饰则因支系和地域不同差别甚大，仅就广西地区的妇女服型，就有20余种之多。在云南，壮族妇女服饰也是多种多样，

亮油小篾帽　20 世纪 50 年代文山市征集

各有特点。

文山壮族服饰　文山各支系的衣料，多系自染自织的棉布，也有少数是买来的棉布。颜色多为青、黑色两种。

男子服饰，头上包着青色或黑色的头巾，衣袖和裤管宽大。布依男子上衣是右开襟无领，布雅依男子上衣则是对襟。

妇女服饰特点，差异较大：

布依妇女穿筒裙，裙长及足踝，有褶皱。头上打发髻，以黑布帕包扎。上衣既短且窄，仅及腋部，腰身紧，右开襟；少女也穿对襟上衣。脚穿绣花鞋，鞋尖微翘起。喜戴银饰，手镯和项圈为饰。

布雅依妇女原穿筒裙，后改为穿长裤。头上包青色或黑色头巾。上衣无领，既宽且长，衣长达于大腿部，右开襟，衣袖亦宽，袖管镶嵌白色布条。长裤呈黑色，宽大。脚穿绣花鞋，鞋尖微翘起。喜戴银链、耳环。

布傣妇女服饰可分三种：一是搭头布傣，二是平头布傣，三是尖头布傣。

搭头布傣头顶前端编一小髻，以青布帕缠成半圆形。青布帕的末端搭于头顶，故称搭头傣或搭头土族。上衣为青色，无领、右开襟，仅有一枚纽扣，胸口处嵌有少许长方形的有色布条，袖口镶有蓝色或绿色的缎子。腰部圈以花腰带。穿青色布裙，裙有褶皱。脚穿绣花鞋，鞋尖高翘，且朝后弯曲。不戴项圈、耳环，喜戴银制手镯、戒指。

平头布傣的服饰与搭头布傣大同小异，妇女头上用三四块青布包扎，头顶包得甚平，如戴布帽状，故称平头布傣或平头土族。上衣与搭头布傣类似，唯花纹比搭头布傣多些。新娘和未婚女子的上衣嵌有数以百颗计的银珠，背与胸绣成四方形图案框架，中拼三角形图案，衣服花纹多用红丝线编绣成，袖口用红布镶色，衣角下悬有十多个小银铃，行走时叮当作响。老年妇女之上衣多用黄、蓝、绿色丝线编成花纹和图案，袖口用绿缎镶边。下身穿青布裙。绣花鞋和搭头布傣相同。

尖头布傣因在圆形包头顶上有搭折成台傣瓦状尖高而得名。从头饰到衣裙，均以净黑色土布与丝绸杂用制作，以突出装饰效果，前胸有方块图案或银泡三角形装饰。

沙人支系有黑沙和白沙之分，丘北、师宗一带的黑沙女子，衣装奇特，配的银饰品也极为独特。仅就头饰而言，挽髻于顶，外箍绣花硬帕，

顶上用各种精美的银泡、银片、银链、银星角等装饰成宝塔形，高高向上。颈上垂吊银角片做成的项链，胸前与衣襟上也垂挂满银饰品，袖口上还镶绣有四至五道圆圈形的图案，特别是在净黑色的衣裙右侧垂挂的飘带，长及足跟，图案丰富精美，配上尖高绣花鞋，真乃富丽堂皇，别致精美。广南的沙人女性，平时多着便装，包毛巾帕。便装为紧身的衬衣套褂子，着裤，服色重青蓝色。师宗县的白沙妇女服饰又自有特点，大口短袖衣与头饰中的勒子帽较为突出。

依人（又叫布依）支系，主要分布在文山州、红河州的蒙自、河口及曲靖市的罗平等地。各地有一些区别，但大同小异。以黑色为主调，头上挽发于顶，插簪，并以青或黑帕缠裹，再以小方巾覆顶，小方巾的两头向左右两边往上延伸，犹如两支尖刺的牛角；衣有对襟、斜襟两种，衣角、袖口均镶嵌有花边；裙为百褶裙；衣小而轻，裙长大厚重。饰品与头饰都极具特色。

红河州壮族服饰　红河壮族有布依、布雅依、土僚等称呼。布依，多分布在开远、蒙自、屏边、河口等地。沙人有白沙人和黑沙人之分，多分布在金平、河口、泸西等地。土僚分别称为花土僚和黑土僚，多分布在个旧、蒙自、开远、

新娘装　马关县仁和镇

元阳县黄茅岭乡

元阳等地。

壮族服饰因支系不同而有差别，过去普遍用自种自织的土布，男子多着青布对襟上衣，阔边大裤，青蓝帕缠头。

土僚女子上着青色圆领斜襟短衣，胸腹系绣花方块花巾，下着长裙，袖口、裙边部以白布镶边。束发缠头并以黑帕覆顶，耳坠耳环。元阳称土僚的未婚女子，头上包着两头对折的绣花青布包头，花边搭在头顶。已婚妇女头戴镶着银泡的条箍，左面搭配银泡的黑帕覆顶缠头。身穿斜襟短衣，绣花长袖，胸襟绣着壮锦图案花边。臀部围着一块左右拼着红布条边的长方形围腰。

沙人老年妇女着斜襟上衣，下着宽边大裤，缠头。少妇则着白色圆领斜襟阔衣，领边袖肘以黑布镶围。下着大脚裤，穿尖顶圆口花鞋，头缠黑帕。也有下着长裙的，但不加褶。金平称沙人的妇女，穿蓝色斜襟镶边收腰上衣，下穿长裤。以方巾、围腰为饰。

侬人因地区不同，服饰有所差异，蒙自市的侬人女子上穿无领斜襟黑短衣，衣襟、衣角、袖口均镶有纽扣和绣有花边图案；下着细褶围裙；穿尖顶口绣花鞋；挽发于顶，并插以簪，以黑帕缠裹，再以小方块挑花或绣花巾覆顶。

无论何地何支系的妇女，昔时都有束胸之俗。屏边、河口一带的妇女，挽发于顶，插簪，并以青或黑帕缠裹。

广南县八宝镇

丘北县八道哨彝族乡

麻栗坡县麻栗镇

麻栗坡县猛硐瑶族乡

师宗县五龙壮族乡

马关县小坝子镇

马关县仁和镇

马关县小坝子镇

傣　族

民国女上衣　20世纪60年代
景洪市征集

傣族是主要分布于云南南部的少数民族。据2020年第七次全国人口普查统计，居住在云南的傣族有1259419人。在中国境内，傣族主要聚居于西双版纳傣族自治州、德宏傣族景颇族自治州以及孟连、金平、金沙江边等地。傣族居住在亚热带和水源丰富的地区，因此服饰淡雅美观，既讲究实用，又有很强的装饰意味，颇能体现出热爱生活、崇尚和谐之美的民族个性。

一、服饰的历史沿革

傣族在两千年前就有自己的服饰。据文献资料，秦汉时期傣族妇女就有“束髻缠帕，裳似筒裙”和男子身披“通身袴”的装束。同时，还有“漆齿”“文身”“儋耳”“穿胸”等身饰的习俗。所以，到了隋唐以后，傣族则被称为“金齿”“白衣”“茫蛮”等。《蛮书》中说：“黑齿蛮以漆漆其齿，金齿蛮以金镂片裹其齿，银齿以银。有事出见人则以此为饰，寝食则去之……绣脚蛮则于踝上腓下，周匝刻其肤为文彩……绣面蛮初生后出月，以针刺面上，以青黛涂之，如绣状。”汉文献中多以其身体上的装饰特征识别族称或支系，上述记载，是居住在德宏地区傣族先民的服饰习俗，而今天西双版纳境内的傣族先民，《蛮书》中则被称为“茫蛮”，其服饰为：“或漆齿。皆衣青布裤，藤篾缠腰，红缯布缠髻，出其余垂后为饰。妇女披五色娑罗笼。”可以看出，唐朝时两个地区的傣族都有青铜器图像上的束发髻和“拖一绺于背后”的发式，以及用布“缠髻”的传统。至于着装，两地均有“以青布为通身裤”或“皆衣青布裤”的描述。这里不称“裙”，而是称“裤”，且是通身的，看来是一种从上至下裹身之物，实际上就是青铜器图像上所释之“筒裙”或围裙。这种服饰继承了青铜器图像上的传统。

可以看出，西汉至唐的近千年间，傣族服饰没有多大改变。但是在制作工艺上已经有了很大的发展。据《蛮书》载，妇女有的“披五彩娑罗笼”，有的“以青布为通裤，又斜披青布条”或“衣以绯布，以青色为饰”。实际上傣族在先秦时期就已经有了用木棉布制衣的技术。傣族居住的广大地区，“并不养蚕，惟收娑罗树子，破其壳，其中白如柳絮，纫为丝，织为方幅，截之为笼段，男子妇女通服之”。“娑罗树”实为木棉树。用木棉织成的布称为“娑罗笼段”。此即汉代的“桐华布”。“桐华布”本产于永昌郡哀牢

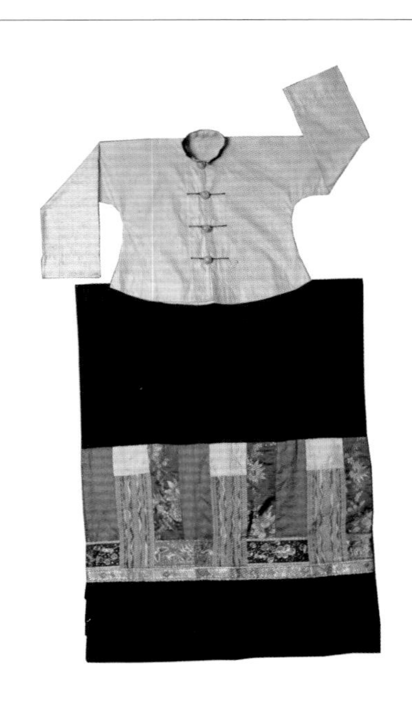

部落，但到了唐宋时期，傣族继承和发展了“桐华布”的生产技术，并在民间有了广泛的基础，所以“男子妇女通服之”。在此，值得注意的是，傣族妇女服饰的筒裙，在唐朝中期已经有着明确的记载，头部的装饰也描写得十分清楚。《新唐书·南平僚传》：“人居楼，梯而上，名为干栏。妇人横布二幅，穿中贯其首，号曰通裙；美发髻，垂于后，竹筒三寸，斜穿其耳。”

唐宋以来，傣族自称为“傣”，但其他民族却称其为“金齿百夷”（元代）、“百夷”（明代）、“摆夷”（清代）等。傣族服饰有了更进一步的发展变化。元代李京《云南志略》载：“男女文身，去髭、须、鬓、眉睫，以赤白土傅面，彩缯束发，衣赤黑衣，蹑绣履，带镜……妇女去眉睫，不施脂粉，发分两髻，衣文锦衣，联缀珂贝为饰。”此时，傣族身饰已“带镜”，妇女“去眉睫”，“竹筒三寸，斜穿其耳”的原始装饰物已不见用了。

明代初年，钱古训、李聪思等人出使缅甸路经今德宏地区，他们以所见所闻，对当地傣族的穿戴服饰做了较翔实的记录。《百夷传》中曾这样写道：“男子皆衣长衫，宽襦而无裙，其首皆髡，胫皆黥。……妇人髻绾于后，不谙脂粉，衣窄袖衫，皂筒裙，白裹头，白行缠，跣足。”“上下僭奢，虽微职亦钑领花金银带，贵贱皆戴笋箨帽，而饰金宝于顶，如浮屠状，悬以金玉，插以珠翠花，被以毛缨，缀以毛羽，贵者衣绮丽。”由于他们是亲临目睹，所记当是较为准确。现在我们所看到的傣族妇女，确有束发为髻，穿裹筒裙，穿窄袖短衫为特征的服饰。早期，傣族男子穿“左衽上衣，露发俱跣”，也都穿裙。明代中期以后，邻近内地的傣族男子已改穿裤，不穿裙，只在边远地区仍保留穿裙的习惯。清初，“男子青布裹头，簪花，饰以五色线。编竹丝为帽，青蓝布衣，白布缠胫，恒持巾帨，妇盘发于首，裹以色帛，系彩线分垂之。耳缀银环，着红绿衣裙，以小合包二三枚各贮白银于内，时时携之”。（《皇清职贡图》）

版纳傣族服饰。“摆夷男子，多衣青色短装，亦有着呢绒广装者。一般仍包包头，并由包头而分阶级，黑白色为平民，淡红艳红等色，则阶级较高者。每人披一五花十色之羊毡，蒙首露面，出则以毡为大衣，入则以毡为长被，凡旅行之人，挎一布袋，佩一长刀，带一饭盒，饥则就水而食，夜则依树下而卧，各处可以为家，不以旅行为苦。女子多用白巾或色巾包其头，耳

20世纪60年代新平彝族傣族自治县征集

塞甚大，多用金漆。上衣以雪白色为普遍，紧小异常，亦有黑色夹衣，为中年以上之妇女所服用。裙则有花条数道，花条之多，即以外表阶级之高下，规定极严，妇女无敢违犯者。鞋多侧尖花鞋，亦有着朝朝鞋拖鞋者，此为外出服装，家居多以花裙围身，不包头亦不着履。极为轻便凉快，与外人接见，亦不以赤身为可耻。”（《云南边地问题研究》）

孟连傣族服饰。“沿边民族，男子尚有留发额于顶上者，并穿其耳，塞以指大之耳塞，但已居其少数。一般男子多剃其发，或留平顶，或梳为滑头。特殊阶级与经商之人，多带壳边毡帽，平民则一律包巾。摆夷肤色较黑，眼部微凹，口内多嚼槟榔，赤唇乌牙，身段中姿，亦有修伟之躯，手足多制蓝色之花纹，亦有全体文身者。……女子状貌装束，仍保其原始之状态，一律盘发于顶，宛如中国道人之髻。耳塞粗大如指，面部与男摆夷略同，惟红白细腻之姿，较多于男子。旱摆夷之妇女装束，与水摆夷不同，头部相似，衣则圆领大襟，腰围一带，带有金银链子者，裙则短相称，着拖鞋，往来翩翩。女子财产，多制为手饰，出则随身，入则置于枕下。有子女臂带金银手镯至数十枚者。”（《云南边地问题研究》）

摆夷服饰。“男人服装与汉人同，惟不着长衫，不戴帽，但以长巾一块缠头。女子则未嫁者，蓄辫，辫常绕于头顶、科头，或着汉人之小帽，上衣甚短，或作斜襟，或作对襟不等。着裤，胫缠绣巾，土名帕高，常跣足，亦着鞋。已嫁人后，缠头布约长二三丈，缠式高耸至一二尺不等，身着短衣，与处女同，不穿裤，但着裙，胫亦缠巾，居常跣足，有客事时则着圆头插翅底鞋。又妇女皆穿耳，吊以一寸丝长，直径约三四分之圆柱左右各一个，项则常挂银制之项圆圈一二个，手上亦常饰戴银环。”（《云南边地问题研究》）

二、服饰的区域形制

傣族服饰的区域形制，主要是体现在妇女的着装上，不同支系有不同的服饰，就是同一支系也因居住地域不同而有差别。傣族有傣泐、傣那、傣雅、傣喇、傣朗姆五大支系。另外，还有散居在金沙江边的傣族，其服饰都有特点。

傣泐服饰，以西双版纳为主，包括孟连、澜沧、江城及瑞丽等地。紧身衣、薄筒裙是其典型

清代绣花女上衣 20世纪50年代耿马傣族佤族自治县征集

服饰的代表。妇女平时打扮都比较精干紧凑。既适合于热带、亚热带气候的生活环境，又有独特优美的装饰效果，用简单的设计体现线条与质感，让美丽的傣族少女更显得婀娜多姿。

男子一般都穿无领对襟或大襟小袖衫，下穿长管裤，用白布或蓝布包头，大体还是保持过去的传统。傣族妇女，一般穿浅绯色的紧身小背心，外面穿的是紧身短上衣，圆领窄袖，有大襟，也有对襟，有淡红色，也有浅绿色、天蓝色；下穿长筒裙，一直长齐脚背，有红花色的，也有绿花色的。大多用的确良或其他料子缝制，中老年妇女也有依然用自织布缝制的。妇女腰间都系有一根银色的腰带，用银丝、银片编制，以带宽和纹细为美，束带部位一般都在上衣之下。这种衣着具有独特的民族风格。窄袖短衫，又紧又严实，袖管长细，紧紧套着胳膊。袖管内是没有一点缝隙的，如果用米肉色衣料缝制，几乎就看不出袖管了。前后衣襟，紧紧裹住身子，前襟刚刚到腰部，后襟还不到腰部，刚好用银色腰带系着短衫和筒裙口。筒裙也是紧裹双腿。

妇女多将头发梳得很光滑地盘在后脑勺上，成为一个发髻，上插一把牙骨梳或塑料梳，在发髻周围戴几朵鲜花或很小的塑料花，也有戴香味很浓的玉兰花的。只有勐腊一带的妇女头上披盖一条蝉翼纱巾。

红河傣族服饰。金平勐拉地区妇女上着白色、绿色和蓝色等布料制成的对襟圆领窄袖紧身衣，下着黑色或杂色黑筒裙，系两米长的红、绿色绸子腰带，结发于顶或编独辫。红河沿岸的妇女穿黑色无领姊妹装，上衣稍长肥大，袖子短而宽，袖口镶有花边或花绸缎。未婚女子镶边的绸缎用红色，已婚妇女用绿色或蓝色。上衣饰以银币扣子，领口和两侧腋下装钉银泡。用黑布包头。包头布两端绣花垂于两耳上下。下着黑、蓝色筒裙。缝衣忌用丝线而用棉线，绣花则多用红、黄、蓝、绿等丝线。花纹为齿状、方形、菱形。石屏、绿春的妇女上衣内着圆领左开襟短褂，用青、蓝、绿、粉红布或绸缎做布料，胸前嵌细银泡，外穿窄袖圆领无纽短衣；下着青色土布筒裙，裙边镶彩布、裙腰打折，以彩带绕腰数道结裙束腰；头发束于顶，以青蓝色土布缠发，头巾末端缀有一串彩绒缨穗。

河口桥头区傣族妇女，头饰是用一块深蓝色布料制成，似马鞍形。后面有一块布带，上面饰有银泡，尾部配五色丝绒，头面系一条饰有银泡的布条。上衣宽松且长，用黑色双层布制成，斜

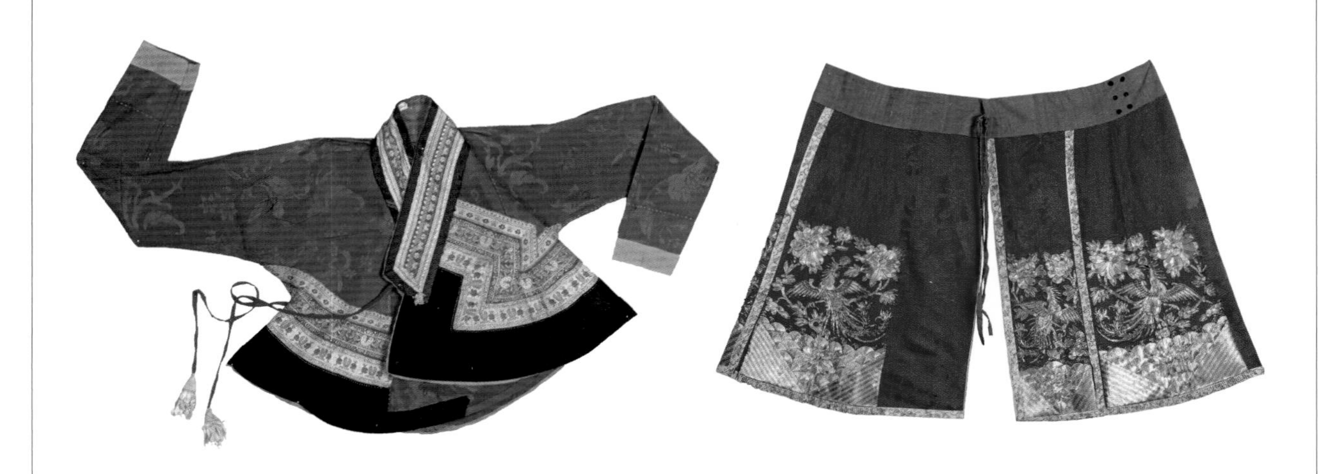

20世纪60年代景洪市征集

清代红绸马裙　20世纪60年代景洪市征集

襟衣，矮领子，均饰有银泡；衣肩用红、黑、白、蓝、绿、黄等布料镶饰，衣袖长，下端以白蓝布镶边。下穿青布筒裙，裙边绣花，接绿、蓝两道绸缎。系围腰，围腰面绣花，用蓝、绿绸缎做围腰头。普遍喜欢戴手镯、耳环、戒指。男子多穿青、蓝布对襟短衣，下着青布长管宽裆裤。多用青、蓝布包头，外衣喜用银、铜纽扣。

红河流域的傣族姑娘，视牙齿越黑越美。镶金牙是青年人定婚的标志之一。普遍盛行文身。

傣那支系。德宏一带的傣族妇女，婚前多穿浅色大襟短衫，下穿长裤，束青色绣花小围腰。有的还披色彩艳丽的披巾。头部用红头绳结成发辫盘绕于顶，再插上花朵或金银饰物，亦常戴篾制小帽。胸前常佩金、银质的龙凤或花朵银饰物。婚后妇女，则穿对襟短衫，下穿黑色筒裙，膝下至踝处用青布裹腿，头戴黑布缠成的高筒帽，帽边用绿色头绳缠绕为饰。老年妇女上衣较宽大，色彩也较素雅。傣族妇女很讲究自己的发饰。她们大多绾长发于顶，也有束发垂于脑后的，发上扎以花帕，或插以梳子等物，既是装饰品，又起束发作用。天冷时多用花浴巾包头。年轻姑娘尤爱在发上插缀鲜花并洒香水，更觉妩媚美丽，芳香袭人。傣族女性大都身材苗条，穿上色彩艳丽的短衫筒裙，具有鲜明的民族特色。特别是逢节日喜庆时，她们穿上用绸缎、灯芯绒、金丝绒等缝制的衣裙，盛装打扮，亭亭玉立，犹如百花争艳，绚丽多彩。

澜沧上允区傣绷支系服饰。傣绷的服饰与双城傣那人的服饰趋于相同，喜欢紧身短衣，深色长筒裙，系银扣腰带，耳坠小巧的银耳环。差别仅在包头上：傣那喜欢白包头，傣绷多数用自纺自织的横幅花条纹包头。傣绷男子的服饰趋于汉化，老年人穿大摆裆土布裤子，对襟土布衣，戴毡帽或包白布包头。妇女留长发，不编辫子，只是挽髻在后脑上插有银发针，然后用花包头盖上。傣绷喜欢深黑色。傣绷是自称，“绷”是指花纹图案。他们称有条幅花纹图案的筒裙为“显绷”，“傣绷”一语的意思就是穿花筒裙的傣族人。

玉溪地区傣族服饰。玉溪地区的傣族，主要分布在新平、元江以及通海等地。依其居地的不同方位和女子的不同服饰、发式，一般有“水傣”和“花腰傣”的他称。水傣女子，上穿无领左衽半长衣，衣面上多织有几何图案的暗花，并以米汤浆固而泛光泽。款式宽松硕大，下摆长及大腿，袖长及腕，宽一尺许，手可在袖中自由伸缩。在袖口和大襟边缘处钉有白底起花或青蓝色相配的

银挂饰

图纹做装饰。下穿青色或蓝色长裤，多跣足。

水傣女子发式也别具一格。她们先将全部秀美的长发扭圆，盘结于正顶呈锥髻状，上面插着四枚闪光而形同羹匙的银簪做装饰，并以一条折叠规整的青布缠于发髻脚边，再用一条蓝布或色彩艳丽的花巾做包头。包头末端正对右耳处缀着一撮青蓝线配的缨穗，走起路来甩动不停，别有一番情趣。

水傣男女都有文身的习俗。文身的年龄和日期都是有规定的，通常是五六岁至十七八岁期间文刺，而以五六岁年龄为最佳，文刺的部位多在腿、臂、手腕、手掌背和脑门心上。图案多是犁、耙等农具和马、狗、鱼、鸟、蜈蚣、雄鸡等动物和梅花、杜鹃花等花卉。

花腰傣服饰（傣雅支系）。花腰傣多居住于新平、元江两地，因妇女服饰艳丽多姿，尤其是腰部的打扮特别精美而得名。妇女服饰从头到脚都特有风格，首先是头饰：女子额头上包的头帕，上面镶有成排的三角形银泡，最外层的丝头巾上饰有几何纹样挑花图案。妇女外出，都戴上精致美观的小篾帽（斗笠）。篾帽有两种，一种浅平，一种尖深；造型奇特，戴在头上可以灵活调整上下角度，既用于遮阳，也是颇具特色的装饰品，特别是与小巧精致的笆篓佩在一起，成为花腰傣女性最吸引人的风景。

花腰傣妇女，上身着衣，下穿筒裙。衣有内衣外衣两种：内衣为花边紧胸短背心，长仅及胸，腹部多用蓝色土布或粉红、草绿色绸缎制作，前身下端钉一排细银泡；外衣为黑色短衫，袖长而窄，衣领上饰银泡，衣身镶绣花边。筒裙为黑色，质地较厚，里外两层，长至膝与踝之间，下摆饰花边；为了显露出里层裙的长边，里层较外层长。筒裙外束围腰三条，最里面的一层长至膝部，从里到外，一层比一层短，以显露出每一层的花边。围腰外部还束提花腰带。腰带饰植物、几何纹样。有的还加饰银腰带两条：一条为带形，镶饰的银泡较大，两头挂银饰，上接内衣衣襟处，下至围腰正面左下端；另一条为三角形，所饰银泡较小，下沿垂丝线，长至裙边，束此腰带能将整个臀部覆盖。脚上打裹腿，始于膝弯，止于踝。裹腿用青布为之，上无吊饰。耳戴银质大耳环。臂套银手镯，指戴六至十枚戒指。

傣喇支系服饰。以元江地区傣族为主，包括红河、元阳两地的部分傣族。青年妇女将长发扭成圆盘状结于顶，发髻上插四支形似羹匙的银簪，另用一条青布缠于发髻下做“内包头”，再

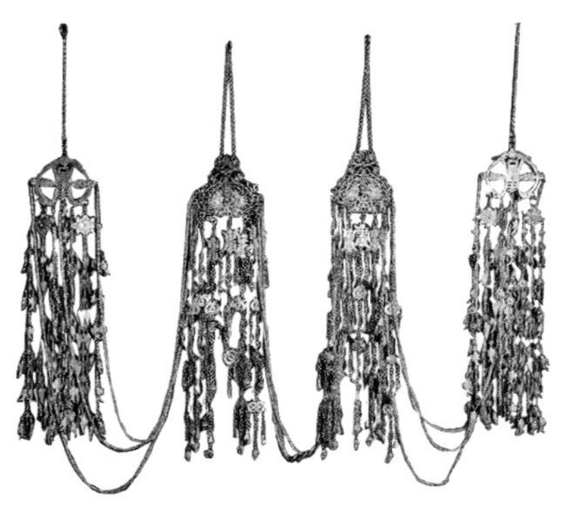

银挂饰

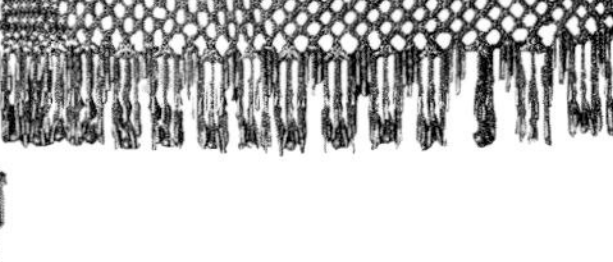

镶金银披肩

以一块青布或花巾将“内包头”围裹。上穿无领左衽半长衣，款式宽大，下摆长及大腿中部，袖口及襟边饰白衣彩色花或白色与青色组合图案。下着青色或蓝色长裤。佩戴金耳环、银手镯及镂花戒指。偶或能见染黑齿及文身习俗。衣料都为自织、自染的青色或蓝色布。布面多织有几何纹暗花，用米汤浆固并使其泛出光泽。男子青布包头，上穿长袖对襟短衣，下着宽裆长裤。

金沙江边的傣族服饰。主要分布在大姚、永仁、永胜等地的金沙江河谷地带。男子头上包一黑布套头，过去有的还留长辫；身上穿外套，外套是一件长大衫，大衫上多有花纹，也有净黑或纯蓝的。女性服饰颇具风格，头顶青布绣花帕，帕的一端翘于左边，另一端垂于后，长及肩膀，帕的两端都织有花纹图案。上身穿“蚂蚱衣”，下着火草筒裙。“蚂蚱衣”的绣制较为讲究，除保持傣族紧身短袖的特点外，袖口较为宽大，而且还用各色花布和彩线绣成不同的花纹图案。从花纹图案的特点看，是受当地彝族的影响。妇女头饰有已婚和未婚的区别：未婚妇女梳一条大辫子，扎上红头绳，辫子绕在头上，垂有流海，左右两边各插一朵红花；已婚妇女包撒花帕子，佩有珠宝银器。妇女胸前仅挂一块绣花的方形布，她们称作“遮胸布”。“遮胸布”中间挑绣有各种精美的花纹图案。“蚂蚱衣”是无领无扣的，胸前仅靠“遮胸布”掩盖，这与当地气候炎热有关，也使得傣族服饰别具一格。

羊毛腰带是每个妇女必须佩戴之物，除了将腰束紧，两端还须向身子两侧垂下穗带。腰带多染成高粱色，有的红白相间。腰带使妇女的装束更加丰富多彩，身子也显得更加秀丽健美。

傣朗姆服饰。以文山马关为主，男子用青、蓝布包头，上穿青、蓝色对襟短衣，外衣常用银、铜纽扣，下着青色宽裆长裤。女子服饰以黑为美，黑头帕、黑衣、黑裙、黑围腰，黑色是服饰的主色。妇女服饰有着许多传统服饰的风格：上衣用双层黑布缝制，低领、长袖，衣襟及领均缀钉银泡。衣用红、黑、白、蓝、绿、黄等色布镶饰，袖口白、蓝布镶边，有的还绣有花纹；下穿青布筒裙，长至脚面，裙边绣花，镶拼绿蓝两道色布；围腰呈长方形，绣花，上部翠绿或深蓝色缎子，紧护于腹，两侧镶白布边，用青布做围腰带，带上多绣花纹。妇女普遍戴银手镯、耳环、戒指。傣朗姆妇女先将头发借薄木片支托梳成高发髻，再用浅蓝色的布帕将其外轮廓包成塔形，接着取一块双层黑布，用米汤浆固后，一端

覆盖于高髻髻顶，使呈“人”字形，俗称“两片水瓦”，另一端甩至脑后结披。包头的脑后部位，顶有一银泡装饰。该装饰为正方形，边由双排小银泡组成，中间为“米”字纹图案，下方缀有红白相间的丝线穗子。

清代马裙 20世纪60年代景洪市征集

挎包

清代丝织龙袍 20 世纪 60 年代
孟连傣族拉祜族佤族自治县征集

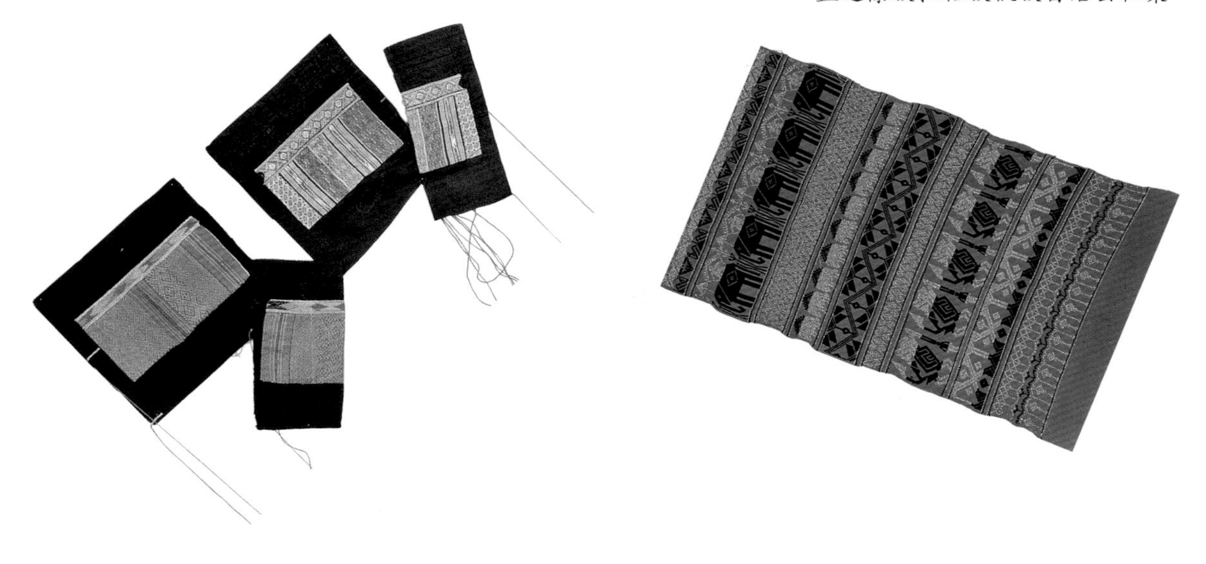

勐腊县勐捧镇

镇康县南伞镇

新平彝族傣族自治县戛洒镇

建水县官厅镇

建水县官厅镇

孟连傣族拉祜族佤族自治县娜允镇

金平苗族瑶族傣族自治县金水河镇

勐腊县勐仑镇

孟连傣族拉祜族佤族自治县娜允镇

麻栗坡县猛硐瑶族乡

大姚县湾碧傣族傈僳族乡

大姚县湾碧傣族傈僳族乡

马关县坡脚镇

水　族

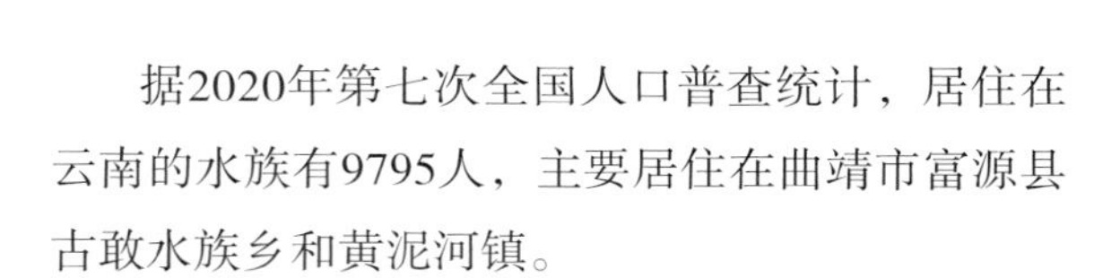

据2020年第七次全国人口普查统计，居住在云南的水族有9795人，主要居住在曲靖市富源县古敢水族乡和黄泥河镇。

一、服饰的历史沿革

水族是由我国古代南方“百越”族群中“骆越”一支发展而来的一个古老民族。水族自称“虽”，含有“篦子”之意，因古代习头插“篦子”或“梳子”盘发髻之俗而得名。历史上，水族因居住苗岭，与苗、侗、汉等民族杂居，直到清代中叶之后才有所区别，改称为“水家苗”“水家”。中华人民共和国成立后，尊重水族人民的意愿，于1956年确定族称为水族。水族聚居地均为水乡，而且群山连绵起伏，盘山溪水长流交错，在一望无际的水海间，夹杂着平坝、丘陵，依山傍水而居的水族人民，与水结下不解之缘。因此，服饰色彩皆以青、蓝为主，白色只作装饰点缀，禁忌红色和黄色。整体服饰色彩，具有秀丽淡雅、清爽流畅的风格。

水族在20世纪80年代以前，几乎家家户户都有织布机，自纺自织，用自己种植的染料将布染成藏青色或黑色。这种布纱质细洁，织制精制，色泽深沉，耐洗耐磨，被称为“水家布”。水族男女均用这种布制作服装。云南水族服饰，历史上曾经有“短衣长裙”之记载，民国以后逐步“易裙为裤”。具体说来，妇女普遍头包布帕，上穿青蓝色圆领右开襟宽袖短衣，襟沿镶花边。下着青布长裤，衣裤四周都镶有花边，系青色绿花围腰，脚穿绣花鞋。未婚姑娘系半截小围腰，头发梳成一束打成盘，外包黑、白头帕。平常手戴镯子耳戴环，遇上结婚大典或喜庆节日，便佩戴银或铜的项圈、篦子、玉簪等；已婚女子则胸佩绣花围腰，头发打成螺旋结，外套毛尾编织成的发套。男子服饰较之女性简单，中青年头戴瓜皮小帽或青布包头。上穿青、蓝、白色对襟短衣，下着青或蓝大裆长裤；老年人大多穿无领蓝布右开襟长衫，剃光头，包长条青布头巾。脚裹绑腿。男子以穿衣多少显示家庭财富，越多越好，每件衣服只扣一颗纽扣，以便让人知道所穿衣服的多少。

二、服饰的区域形制

布帕是富源水族男女老少共同看重的饰物，出门都以布帕缠头。女性布帕朝外一端要戴上似

富源县古敢水族乡

缕的“篦子”，包戴时斜挂在帕套外沿。布帕均是自纺自织自制，谁家的布帕制作得精细，往往就显出谁家的女性精明能干。

居住在贵州的水族，其服饰与云南水族相比有所不同。三都、独山一带，妇女束发盘髻于头顶，在右侧插一长梳，既起固定发髻的作用，又作装饰，外包白布头帕；上穿蓝色大襟衣，外系胸部有绣花的长围腰，颈挂银项链；下着靛青色长裤，裤管上饰花边和刺绣图案；脚穿尖布钩镂空花的鞋子或元宝盖绣花鞋。

在这里，妇女服饰、装束地区差异不大，但有已婚和未婚、便装与盛装的差别。

已婚妇女将长发梳成一辫，从左至右盘于头顶，再从左侧插一梳子加以固定并作装饰，然后罩上黑白格子花或纯白、纯黑色的长条头帕。袖管、大襟、环肩、裤脚等处镶上一条红红绿绿的花边。未婚女子服饰较为素雅，上穿浅蓝色或绿色右衽大襟长衫，衣长多及膝，收腰收袖，显得较为贴身。胸前佩戴绣花长围腰，下着没有任何装饰的青色长裤。梳独辫盘于头上，外包白底黑红方格巾或白、青色长帕。

水族女子盛装制作较为精细，上衣为对襟无领宽袖短衣，挽袖、袖口有白色水波浪花边装饰，左右胸部用压花银片纵排装饰，以银扣着点缀，下着青色中长百褶裙，内穿齐膝筒裤，裹绑腿至膝，脚穿钩尖花鞋，裙外右侧腰间配长约尺许的银球蝴蝶针筒，腰系长腰带于后腰处打结，并留尺许飘于腰后。妇女穿盛装时，在发髻前戴“出”字形的银冠，银冠下方挂满各式银花、银片和银链，几乎遮住整个发型，缀垂吊式细银花耳环；颈部戴三个由小到大的银圈，多成方条形；胸前垂月牙形的压领，下吊银链、银铃；手戴各式银手镯三到四对。逢节庆时，还要在头上饰五彩雉尾，腰系鸡毛条花襟，随鼓声跳起铜鼓舞。

婚礼服装更为讲究，上衣肩部及袖口，裤子膝弯处皆镶有刺绣花带，包头上边也绣有色彩缤纷的花纹图案。新娘子往往被打扮得花枝招展。除身上的绣花衣外，还要头戴银冠，颈戴项圈，腕戴银手镯，胸佩银项链，耳垂银耳环，脚穿绣花鞋。从头到脚，一身雍容华贵。

围腰是水族女子的主要装饰。通常用黑色土布作底，上镶绣花、草、蝴蝶为主要图案的绣片和银铃。穿时系上银链子。挂钩是以蝴蝶或花朵为内容的浮雕银花，既起到挂系的作用又成了精美的装饰。围腰的长短与衣服的长度相等，系在衣服外面，既漂亮又有保护、美化衣服的作用。

布依族

布依族自称“濮越”和“濮尧”，意为“夷族”或“越人”。

布依族最早可追溯到古代的越人，据《华阳国志·南中志》载，“南中在昔，盖夷越之地”，“越”，即“百越”，布依族属百越族系中骆越人的一支。历史上，布依族曾有过“都云”“布僚”“番蛮”“仲家”“仲夷”等多种他称。中华人民共和国成立后，根据布依族人民的意愿，“布依”作为统一的族称。据2020年第七次全国人口普查统计，居住在云南的布依族有68140人。主要居住在曲靖的师宗、富源，文山的广南、丘北、砚山、富宁，红河的蒙自、泸西等地也有分布。云南布依族居住地区多为亚热带喀斯特丘陵地区，环境独特，自然资源丰富。山川起伏，江河纵横，风光秀丽。

一、服饰的历史沿革

布依族服饰的发展演变过程，从唐代开始，便有明确的记载。据《旧唐书·南蛮传》载，古代布依族男子“左衽，露发，徒跣”；女性“横布两幅，穿中而贯其首，名为通裙”。裙乃衣裙相连，裁缝简约，饰物也少。明朝时期，男女的服饰都较前复杂了很多。男子则绾椎髻，穿草鞋，衣服喜用青色。《贵州通志》称，当时“妇人以青布一方裹头，着细褶青裙，多至二十余幅，腹下系五彩挑绣方幅，如绶，仍以青衣袭之”。弘治《贵州图经新志·风俗》说：“男女皆着青布短衣，科头跣足，好佩弓弩，女人细褶长裙。”到雍正年间，政府强迫男子剃发蓄辫于脑后，青衣长裤，无多大变化；妇女服饰则趋于更加精彩，据《独山州志》描绘，布依族妇女的服饰是“山花满髻，项挂银圈，腰系白铜烟盒，彩带丝条，环身炫目”。《南笼府志·地理志》更为详细地记述布依族“妇女服饰仍沿归俗，椎髻长簪，银环贯耳，项挂银圈，以多为荣，衣短裙长，色惟青蓝，红绿花饰为缘饰，裙以青布十余幅为细褶，镶边，委地数寸，腰以宽长带数圈结于后，带垂若翅”。清乾隆以后，一些地区的妇女服饰开始易裙为裤，服装样式趋于简洁适用，并讲究剪裁技巧和衣料质地，注重表现形体美。时至今日，布依族妇女服饰衣着，仍有明清服饰的风尚，如上衣，大襟右衽，双排布纽，盘肩花边，衣边、衣袖饰以“栏杆”边饰，有的地区上衣衣长至膝盖，宽袖，腰系饰绣花围腰，大裤脚等。民国年间，男子又剃去辫子，头包花格

罗平县鲁布革布依族苗族乡

罗平县板桥镇

帕或青帕，中青年包的帕子均有缨须，穿大襟或对襟的布扣短衫，宽腿裤和大襟长袍，腰系蓝色布带或绸带，脚穿麻耳草靴或钩尖草鞋。

二、服饰的区域形制

罗平八达河地区布依族服饰。男子的上衣为黑色或蓝色布缝制成的短衫，在右腋下打结，平时在家不出工时穿长衫。将发辫挽于头上再缠黑色头巾。下身穿的长裤，裤脚宽大，身拴腰带，脚穿布鞋。

妇女上穿青色或黑色右衽紧身短衣，无领，身大袖宽，在右腋下以布带拴结。沿衣襟、衣的下角处镶一道花边。习惯上内衣的袖口较外衣长而小，而外衣袖口则大而短，内外衣袖口处所绣的花纹图案十分讲究，鲜艳美观，看上去两袖大小相同，长短协调，袖口外露的花色层次重叠和谐，格外醒目耐看。老年妇女均穿蓝黑色百褶长裙，有的也系青布围腰或绣花围裙。头上挽发结，别一根银簪，额上戴银片，耳戴耳环。出门做客时身上挂银牌、银链、银锁，锁的两头吊有银穗。足穿白色袜子和翘鼻子满花绣鞋，俗称“猫鼻子花鞋”。小腿上裹青布，腰系黑色腰带。整套服装可以说是集纺织、印染、挑花刺绣等手工艺术于一体，表现出了云南布依族妇女服饰的特殊风格。

随着时代的发展，布依族中年妇女的包头，有的已用白毛巾代替，上衣已改穿衣领或短领，在沿右衽前下方处镶嵌带色的布边，领前的结扣处喜用银泡纽扣作装饰，袖口处仍保持了老一辈传统的风格。下身已改穿裤，唯脚下的满花鞋逐渐变成半片形或鞋尖处绣小花。改变后的布依族女服仍显得净洁淡雅，古朴庄重。

未婚女子的服饰，总体上与中年妇女相似，只是还喜欢在包头布的末尾处镶绣极为鲜艳的花纹图案，露在头顶上方与护发银头簪之间，显得洒脱大方，俊俏美观。每逢盛大节日或宴会时，妇女们均喜佩戴各式各样的耳环、戒指、项圈、发簪和手镯等银饰。

红河布依族服饰。河口布依族主要分布于桥头区。女子穿百褶裙，也有穿裤子的。无论男女，多喜用蓝、白、青等色。衣料过去纯以种棉花自纺自织，现在改用市上出售的棉布、化纤布和丝绸布等。中老年妇女仍缠蓝黑色包头巾，穿无领右衽斜襟短袖外衣，再戴一对长而窄由肩至腕的绣花袖套。下穿宽管长裤，系一块绣花围

广南县杨柳井乡

腰。衣服的襟、袖及裤脚都要镶饰彩色花边。脚穿翘鼻绣花鞋。节日或宴会时，还要佩戴银耳环、项圈、手镯、戒指等饰物。三岁以下小孩，头戴缀满银器、玉石的绣花狮子帽和绣花胸兜。

罗平县鲁布革布依族苗族乡

罗平县长底布依族乡

马关县木厂镇

马关县木厂镇

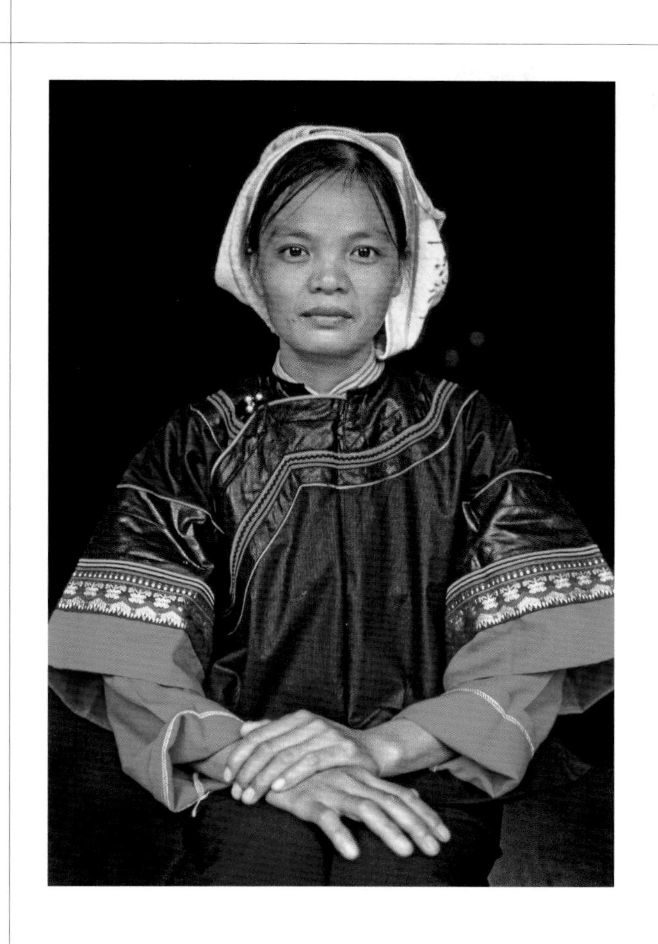

罗平县鲁布革布依族苗族乡

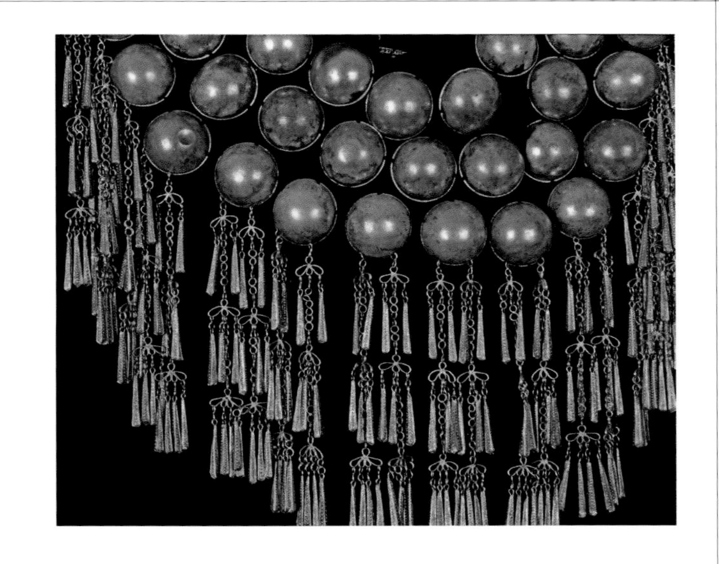

景颇族

景颇族主要分布在云南省德宏傣族景颇族自治州境内中缅交界地带的高黎贡山尾脉山区。据2020年第七次全国人口普查统计，居住在云南的景颇族有146395人，主要分布在陇川、盈江、潞西、瑞丽、梁河，其余散布于云南省耿马、腾冲、泸水、孟连、昌宁、勐海等地。景颇族分为景颇、载瓦、勒期、浪莪和波拉五个支系。中华人民共和国成立后，依据本民族意愿，统称为景颇族。景颇族大多聚居在海拔1500米左右的山区，这些山区大部分纬度偏南，气候温和、雨量充沛，山清水秀、树木葱茏，各种资源丰富。

一、服饰的历史沿革

景颇族先民唐代称为“裸形蛮”。其分布地域在今缅甸克钦邦境内的伊洛瓦底江上游以西地带。因为他们“无衣服，惟取木皮以蔽形”，所以在《蛮书》中被称为“裸形蛮”。在其他史籍和民间传说中，也有“无衣服，以木皮蔽体”，“以猪牙雉尾为顶饰”的记载。元明时期，景颇族的分布情况和服饰形制没有什么变化，基本上保持着南诏统治时期的“裸形蛮”的状况。《滇略》说：“茶山，里麻之外……以树皮为衣，首戴骨圈，插雉尾，缠红藤。”天启《滇志》又说：“居无屋庐，夜宿于树巅……以树皮为衣，毛布掩其脐下，首戴骨圈，插鸡毛，缠红藤……”《西南夷风土记》中则说：“上下以布围之。”元明时期，景颇族中称为“阿昌”的部分仍与阿昌族为一个群体而未曾分开，另一部分则被称为“结些”“羯些子”等，这是景颇族先民核心的组成部分，有关服饰的记载，基本上还是唐朝时期的状况。景颇族称为“结些”的先民较为先进一些。钱古训、李聪思《百夷传》中说：“结些，以象牙为大环，从耳尖穿至颊，以红花布一尺许裹头，而垂带于后，衣半身衫，而袒其右肩。”而“遮些”“羯些子”则就落后了，《滇略》说：“遮些，结发为髻，男女皆贯耳佩环，性喜华彩，衣仅盘旋蔽体。”《滇志》则说：“羯些子，种出迤西孟养，流入腾越……耳戴大环，无衣，遮脐下布一幅……”

清朝时期，称为“遮些”的景颇族先民较其他支系为先进，道光《云南通志》引《伯麟图说》：“遮些，男女皆穿耳……彩衣盘旋，饮食必精洁，善用火器及弩，永昌府属有之。”而有的支系仍然落后。康熙《永昌府志·种人》说：“居无屋庐，多有茅棚，好迁移……以树皮、毛

20 世纪 50 年代芒市遮放镇征集

20 世纪 60 年代盈江县那邦镇征集

布为衣，掩其脐下，首戴骨圈，插野雉毛，缠红藤。”

17世纪以来，大部分景颇族人定居于德宏州，纺织技术受傣、阿昌、德昂等族的影响，服饰有了较大的变化，史书中称其“性喜华彩”“衣以彩饰”。可见服饰的进步。到民国年间，即使是元明时期较为落后的居住在怒江一带的景颇族，服饰也都有了很大的变化。龙云编《云南边地问题研究》载：“男则短衣，大裤、缠头，跣足。近缅境者，亦着缅装，女则上身短衣，下身着裙，腰间籐环，以竹木为云，涂以漆，处女短发作瓢鸡头，颇似现下女子之摩登装，不着帽，嫁后则蓄发缠头，妇女皆跣足，其装束饰品多用琥珀耳筒，砗磲珠子，贝壳之类。”

景颇族居住在山区，原始的生产、生活方式一直沿袭了下来，直到中华人民共和国成立前，景颇族在送魂仪式中，尚有扮鬼者全身涂以黑、红纹彩，不穿衣裤，只在腰部束以树叶树枝遮体。这种装扮的来源应是先民的原始装束。

二、服饰的区域形制

景颇族有景颇、载瓦、勒期、浪莪和波拉五个支系，但服饰只有德宏和怒江两地区的形制。与其他民族相比，景颇族男女服饰都有着古老的传统，特别是德宏地区的男子装饰，朴实端庄，英武精悍，颇具民族特色。

德宏型服饰。云南德宏傣族景颇族自治州各县都有景颇族分布。其中盈江、潞西人口最多，服饰也最具特色。

男子上穿白色或黑色对襟上衣，下着长裤，裤腿短而宽。包白色头巾，头巾外垂的一端有刺绣的大齿纹、条纹和绒珠、料珠作装饰，垂于脸侧，鲜艳夺目。外挎用棉麻织成的“筒帕”（挎包）和长刀。筒帕多为红色，上饰整齐的小银泡和银坠片，下有长长的丝穗垂吊，形式和花纹多样。狩猎和劳动中使用的长刀制作粗糙，而节日集会时佩戴的则极为讲究，刀把以银丝缠裹，刀鞘用红木制成，并用多道银箍加固和装饰，以红色织带缚着挎于肩上。长刀是景颇男子宠爱之物，佩刀显得英武健美；集体舞蹈时，举刀起舞，更显得强悍英俊。

盈江县铜壁关乡

泸水市片马镇

老年男子，留发挽辫，缠于头顶，裹黑布大包头，穿黑色对襟上衣，黑布宽腿裤。外出时也挎筒帕和腰刀。

过去，男女多赤足，现在已经穿鞋。

妇女平时着装较为简朴，一般穿圆领窄袖上衣，下着红色与其他色相间的织锦筒裙，较宽而短，一般达小腿部。裙边角有简单纹饰，腿部裹上毛织护腿，便于在山地丛林中出入。若遇喜庆节日，妇女们便穿上盛装。盛装非常亮丽夺目。上衣本为无领右衽紧身黑丝绒短衣，但前后及肩上都钉有很多的银泡、银片，称为“银泡披肩”。银泡披肩在景颇族中有这样的传说：景颇族始祖宁贯娃，娶龙女为妻，繁衍后代，银泡披肩即是始祖母的龙鳞变的，人才将这些有灵气的银泡作为饰物，以追忆始祖之灵，求平安大吉。

盛装中另有手工编织的长筒裙。筒裙由三幅手工编织的彩纹织锦拼合而成。围筒裙时，从左向右缠，将中间一段置于正前面，用红布腰带束扎固定；腰带头束于左侧并下垂。许多女子爱在腰间围挂用竹、藤制作的红、黑色腰箍数圈，表示是龙女的化身。谁的藤圈越多谁就越美。小腿上的护腿是有花纹图案的织锦，用暗扣或线带固定于小腿处，再加竹、藤箍装饰。腰间还挎红和黑毛线织的缀有许多银泡、银链的挎包。既可装物品，又是不可少的饰件。舞蹈时，常手握纱巾、手帕、折扇等翩翩起舞。

头饰是景颇族妇女盛装中的重要组成部分。年轻女子梳长发，用彩巾和红丝带将头发扎成结垂于身后。已婚妇女挽髻于脑后，也有用手工编织的头帕在头顶裹成筒状的。头帕由两段组成：一段织有彩纹，尖端饰彩色丝线、料珠和小绒珠；另一段为无花纹黑布。包缠时，先裹黑布这一段，使织有花纹的另一端显露于外，在显露于外的尖端处用彩线固定。耳朵上戴比手指长的银耳筒，颈上挂六七个项圈或一串银链子和银响铃。妇女的银制饰品很多，除银泡披肩、银项链外，还有银手镯、银箍、银戒指、银耳坠等，制作别致精美，尤以上衣的银泡披肩最具特色。

景颇族服饰，从面料结构、色彩、图案花纹到佩饰物，形成了完美的视觉效果，既实用又富有审美性，同时也蕴含着景颇族丰富的历史文化。

怒江型服饰。居住于云南怒江傈僳族自治州泸水市的片马、左浪、岗房等地的景颇族，过去被称为茶山人。这一带的景颇族服饰，清末闵德修《片马紧要记》载：“男皆剃髻不冠，用青布缠之，裤不跨膝，披麻布，仿道衣，惟少两袖，

泸水市片马镇

腰系铜铃，行住坐卧，只听铃声。至于女子，髻向前，顶束布，耳环用铜钱，粗似藤，圆似碗，连环扣之，颈下料珠，累累盈胸。行时，珠环声铮铮响焉。不事女红，仅有手工纺织，故不着裤，以裙为裳，盖膝为度，束以花布。男女老幼，左佩刀，右挟矢，不沐浴，冬不重衣，雪亦跣足。”直到现今，这一带的景颇族服饰，仍与文献记载基本相同。现在男女都还有披裹式的穿着，男子以自织的条纹麻布斜裹于身；束腰带，腰带下沿仍系有一排响铃；下穿长裤。妇女内穿衣裙，外披深色条纹披肩。披肩为前后两幅，长至膝下，前面的一幅中间开口，无扣，两侧缝合，留出袖口，披于身上后，腰部束带，肩部成幅布披挂着。这种披肩实际上是“贯头衣”的形制，制作简单，是人类有了纺织技术后最早的服饰类型。当然，景颇族如今用作衣料的麻布，加工精细，经久耐用，而且多织有黑底红、蓝细条纹，比早期的服饰衣料有了很大的发展进步。

目瑙纵歌中的“瑙双”服饰。景颇族至今每年正月十五都要举行目瑙纵歌盛会，走在最前面的“斋瓦”（又叫瑙双），即地位最高的巫师，身着长袍，头饰孔雀、锦鸡羽毛和犀鸟头骨等，带领众人翩翩起舞，反映了其先民的装饰习俗。据传说，景颇族祖先宁贯娃，看到先民在孔雀的带领下欢歌载舞的盛况，十分喜爱，教与外人，世代相传。将羽毛饰于头顶，表示此活动来自先民们的启示，并有祭奠祖先的含义。

盈江县铜壁关乡

泸水市片马镇

WUNPONG

独龙毯　20世纪70年代贡山独龙族怒族自治县征集

独龙族

独龙族主要聚居在云南省怒江傈僳族族自治州贡山县的独龙江两岸，另有10%左右散居于贡山县北部的怒江两岸。据2020年第七次全国人口普查统计，居住在云南的独龙族有6735人，主要居住在贡山独龙族怒族自治县的独龙江乡。中华人民共和国成立前，尚处于原始社会阶段，以刻木、结绳记事，过着刀耕火种但采集和渔猎还占很大比重的生活，社会生产力十分低下。而所属地域，河山纵横，海拔高达5000多米，交通阻隔，过去与外地交通，仅有用竹藤扭成绳索在独龙江上搭起来的溜索桥。因此，独龙族的服饰比较简单原始，有着人类服饰起源阶段中许多活灵活现的实物见证。

一、服饰的历史沿革

追溯独龙族服饰的历史，直到清朝初期，还处于以树叶为衣的服饰起源阶段。据历史文献记载，独龙族称为“俅子”“俅人”。雍正《云南通志》载：“俅人，丽江界内有之，披树叶为衣，无屋宇，居山岩中。”《丽江府志稿》说：“俅人，男女皆披发……树叶之大者为衣，耳穿七孔，坠以木环。”《皇清职贡图》也说：“男子披发，着麻布短衣袴，跣足。妇耳缀铜环，衣亦麻布。……更有居山岩中者，衣木叶，宛然太古之民。”清末到民国初年，对边地民族问题的实地考察，相对来说多了一些，有关独龙族服饰的记述，比之以前有了较细的叙述。

清末地方官员夏瑚亲历独龙族聚居区考察后撰写的《怒俅边隘详情》说：“男子下身着短裤，惟遮股前后；上身以布一方，斜披背后，由左肩右腋抄向腹前拴结。左佩利刃，右系篾箩。妇女以长布两方自肩斜披至膝，左右包抄向前。其自左抄右者，腰际以绳系紧贴肉，遮其前后，自右抄左者，则披脱自如也。”民国年间，据相关调查资料记载，独龙族尚未有支系区别，当时对于居住在独龙江两岸独龙族的服饰，张家宾的《滇缅北段未定界境内之现状》分作三段记录：

“俅江（独龙江）地区独龙族服饰，居上节者（即与西康边地接近处），男子身不着衣，只披布毯或麻布毯以护身。夜间睡眠，则以之为被盖。虽穿裤然长仅一尺，只将臀部遮完而已。男女不戴帽，将发前梭如帽，复于头之前后。女子不着衣裤，上下围以麻毯二条，下首一条，即以为裙，但无皱折，直如桶形，满脸皆以刺刺小孔，涂以黑色，使成花纹以为美观，否则必为人

耻笑。男子外出，皆配长刀一把以之护身。”

“居中节，男子不衣不裤，上体只披毯子一床，日以为衣，夜以为被，阴部只以宽五寸、长七八寸之一块小布遮之，以藤围系于腰间，臀部则任其赤裸于外面，并不以为耻，但生人笑之，则必大怒。女子仅颈部刺以黑花，并不满脸刺也。其余男女之装饰，则以上节之人相同。”

“居大俅江之俅子，富者穿汗衣，普遍则仍披棉或麻毯。男子近有穿裤者，女仍穿裙，面不刺字。男子皆吃沙剂，唇红如朱，齿黑如铁。女子并以董棕丝、海把子，各系一串于腰间以为荣。”

民国年间，居住在怒江两岸独龙族的服饰。“男子均散发，前垂其肩，后披其肩，左右则盖及耳尖，稍长则以刀截之，不知用剪。两耳皆穿，或系双环，或系单环，或以竹筒贯之。不知缝纫之法，男子上身但用麻布一片，斜披背后，由左肩右腋抄向胸前而拴结之，下身亦仅以麻布一块，围于臀腹前后，遮羞而已。女子则以长麻布两片，自肩斜披至膝，左右包抄向前，其自左抄者，腰际以绳系紧贴肉，遮其前后，自右抄左者，则披脱自如。男子左佩利刃，右系篾箩。女子头面鼻梁两颧及上下唇均刺花纹。又男女颈项皆悬砗磲烧料等珠子为饰，有悬至十数串者。”（《云南边地问题研究》）

二、服饰的转型

20世纪五六十年代，我国开展了全面系统的少数民族调查工作，搜集汇编了不少资料。这些资料中不仅客观地记录了独龙族的服饰情况，也反映出独龙族服饰的变化与转型。

《独龙族社会历史调查》中，对贡山独龙族服饰的记录：“独龙族真正穿上衣服是解放以后的事情，解放前从无一人穿得起棉布衣服。一般女子则围一条小麻布围裙，上身正披一块自织的麻布，白日为衣，夜晚用来垫盖，有的甚至无麻布可披而裸露上体。男子穿一条小麻布裤衩，或系麻布条于胯间（多数），到了冬天加披一块麻布，也是衣被两用。小孩则更简单，一般男孩也是一块麻布系在胯间。女孩则在她未学会织麻布之前（15岁前）尚以一块木板或一条麻布挂在身前，以遮羞，故有挂木板之说。人人都没鞋可穿，终年赤足。衣被之少，不足御寒，每到夜晚则全家围火塘烤火过夜。”

麻布衣传入独龙族的历史较晚，据说在人们

贡山独龙族怒族自治县
丙中洛镇

未学会织麻布之前，曾以树叶、兽皮作衣料。女子用树叶围下身，男子则披兽皮防寒，以后才为麻布代之。织麻布是女子的事务。姑娘在10岁便开始学习织技。麻料取于野生的麻树，将树皮制成丝，洗后晒干，再捻成线，用水煮过，再洗，而后晒干，便可以拉成所需的布面。没有架形织机，只是将成布形的线头的一端挂在固定的木头上，另一头系于腰部，用手来穿横线，因此功效甚低。独龙族可以织成不同线条的花麻布，用"色目不朗"的树皮染成红色线，也会用核桃树皮染成蓝色的……

装饰就独龙族的妇女来说也是比较简单的。"头部有耳环，是银制的。女子在上体多正披麻布一块。有的穿白色麻布衣，腰部随身带一个小篾箩（崩纳衣），借以放麻线等物。手上戴有银环（佳蔓）或珠子。手指上戴着银指环，以上饰品均来自西藏。女子下体多围一件花色麻布围裙，开口于右腿边，小腿上扎有麻带绑腿（黑道儿），有网带（勒姆过）。解放前也都是由西藏传入。女子一般还随身带一个小筐，以放置零碎的东西。在劳动之季，随身带一把小刀作为劳动的辅助工具，同时，也是装饰。"（《怒江独龙族社会调查》）

1962年出版的《独龙族简史简志》记载当时独龙族服饰："男女衣着都穿自制的麻布，男子下身着短裤，上身以麻布一片，斜披背后，由左肩右腋抄向胸前，以草拴结。妇女上身有的则以麻布两块自肩斜披至膝，有的则左右包披向前，形若围裙，腰部多系用漆染的藤圈。男女均赤足，每人身披的麻布均为两用，白天为衣，夜间作被。男子喜佩砍刀，妇女则常挂小篾箩。妇女装饰多系耳环、手镯。有的村寨，也模仿傈僳族妇女，常于颈项挂上各种料珠。节日里尤喜欢全部佩饰。"

独龙族服饰，直到20世纪70年代初都没有更大变化，据调查资料记载，独龙江地区，产细麻，不产棉花，因此，一切男女服饰皆以细麻为原料。

男子上身披麻布一幅，左肩一角与右腋下一角拉到胸前打一结，再把右肩一角与左腋下一角拉到胸前打一结，就是平常的上衣。有的披上较大幅的麻布一条，挂右面向左斜。这幅布晚上可作铺盖。下身穿麻布短裤，有的不穿短裤而腰系麻绳由胯下前后挂一挡布。女子上身披两麻花条麻毯，长及膝下，一条挂左肩向右斜，腰系一根麻绳使其稍作固定，一条挂右肩向左斜，披脱自

贡山独龙族怒族自治县
独龙江乡

如。上衣无纽扣，皆以竹针贯之。上江女子下身不着裤裙，下江和江尾女子下身围筒裙，与怒族同，亦与江心坡独龙女子同。上身麻布也可只披一条。男女皆赤脚，无鞋袜。

男女均喜爱戴装饰品，尤其女子常是披挂五颜六色，有串珠、砗磲、耳环，甚至铜钱、银币等都喜欢挂在脖子上或耳朵上。女子均有穿透耳垂挂耳环的风俗，有的男子亦然。男子发型相同，前齐眉上，后齐两肩，无头绳发卡之类，皆披散自如。“男子出门，无不带砍刀，女子出门，无不挎篾篓，本是劳动需要，也成为一种装饰和特征。”

至此，可以对独龙族服饰作一总体性的描述：独龙族在还没有使用麻布为衣之前，曾经以树叶、兽皮做衣服。女子用树叶、兽皮围下身，或挂一块小木板遮住阴部，称“护阴板”；男子赤裸或用一个小篾箩系在腰上，将生殖器装入篾箩内加以保护。有了麻布的最初阶段，无任何缝制加工，女子用麻布代替树叶围于腰部，上身也披麻布一块；男子则用麻布一条从两腿间前后翻上到腰部，再用一麻绳带固紧。上身大多裸露着。随着麻布的使用和发展，独龙族服饰有了变化。女子围一条小麻布围裙，男子穿麻布裤衩。男女一律袒露臂膀，斜披一二幅自织的麻布毯，把麻布一端自腋下包抄至另一端到肩上拴结，或以竹针缀连麻毯的两端。男女小腿部也用小块麻布缠裹成绑腿。男子只兜袒布一块或穿麻布短裤。

独龙族男子均系散发，前垂齐眉，左右盖耳，稍长，则以刀截之。（《怒俅边隘详情》）据说截后的发型犹如一顶风帽戴在头上，能遮风避雨。年轻姑娘喜编双辫，头顶方巾；已婚妇女则偏爱留短发，两侧长至耳部者为多。老年妇女，有的剃光头，包以布巾，有的则习惯在头顶中间留下一掌多宽的头发，前披至额眉，其余均剃光。

独龙族的佩饰物也很奇特，不少人喜欢佩挂菖蒲根制成的项链；小孩也系挂獐子皮、麂子尾巴等于胸前。无论男女，均喜垂坠耳饰和佩挂项链。两耳均穿，或系双环，或系单环，或以竹筒贯之。……男子颈项，无不喜系砗磲烧料等珠为饰，有系至十数串者。（《怒俅边隘详情》）

20世纪60年代以来，妇女仍保持着这一传统习俗，只是往日的竹、木质耳饰已多换成金属或料珠一类。此外，过去独龙族的腰、大腿和手腕处也有佩饰，多是用一种细藤篾编制的圈，涂以发亮的红、黑颜料，一圈一圈地围箍在手腕和大

贡山独龙族怒族自治县
独龙江乡

腿部，外出时都要挎系小篾箩或麻布挎包。男子随身佩带砍刀。

女子服装。上江女子喜欢上身穿大襟长袖短衣，下身穿长裤，脚穿胶鞋，披一条麻毯；下江女子上身穿大襟长袖短褂，下着筒裙，脚穿胶鞋或凉鞋，也披一条麻毯。年轻妇女，头顶一条毛巾，以一束彩色毛线编织成一个圆圈将毛巾固定在头上，以一半披于肩后垂及腰际，颈上挂起串珠，与其条格麻毯和筒裙相配套。

20世纪后半叶，由于受外来文化的影响，独龙族服饰的品种和样式逐渐增多，形成外来文化影响较为明显的地域性服饰形制。独龙江上游的男装，用粗质羊毛织料制成，大襟长袖、竖领，通体白色，但用黑布镶绲领边，配中式黑布扣。这种男服显然是受到藏族文化的影响，因为此地段与西藏毗邻，气候较寒冷，服饰具有防寒保暖和长袖大襟的藏服风格；怒江上游一带中老年妇女常戴嵌以红珊石和绿松石的银质耳环，也是直接从西藏换购来的。而独龙江中下游地区，多与怒族、傈僳族聚居地相连，自然也会产生服饰文化的交流。妇女穿的“褂褂”，大多用黑色棉布缝制，对襟有扣，无领无袖，前襟短，后襟长。这种女服适宜在背负箩筐时穿用。另有一种女装，常用紫红色灯芯绒布缝制，宽边大襟，边际镶以蓝布或黑布，中式布扣，长度在膝盖以上，便于山地行走和劳动，据说均来自怒族。下游地区妇女所穿的长裙，用蓝布和印花布制成，同现今缅甸境内独龙族妇女大体相同。同时，从内地或缅甸传入的色彩鲜艳的长串料珠也尤受青睐，妇女胸前少则挂一两串，多则数串，以示其美。

到20世纪80年代，独龙族服饰改变更大：妇女均穿翻领对襟衣，妇女多着裤，少穿裙，服饰底料更多的是从市场购买，只有少数是自己缝制。其款式和质地似汉装，但常在外衣上加披一片自织条纹麻毯，以保持自己民族特色。同时，妇女们既保留着戴串珠、项链、耳环和手环的传统，又受傈僳族的影响，在头部戴上用贝壳和料珠做成的头饰，平添几分风采。

独龙毯，是独龙族服饰中最有代表性的，也是手工艺品中的精华。独龙毯系用自家种植的麻，经过多道工序纺捻成线后，用简单的腰机织成，费工费时。独龙族纺织技术和工具都极为简单，从剥麻、搓麻、洗染麻线到织成麻布，没有纺车，全靠双手。在独龙族社会中，织麻纺麻，一直是衡量妇女心灵手巧，勤劳贤惠的标准。独龙族将儿媳妇称为“克鲁”，意为“剥麻女”，

按其习俗，在每年妇女上机织布的第一天，男子要备水酒慰劳妻子，以示祝福和敬重。

独龙族所织麻布，均以白色为纬线，红、黄、蓝、黑等色作经线，从而形成对比度较强而又和谐美观的彩色直条纹，故史称“红纹麻布”。麻布边幅条纹细，中间条纹粗，颇具原始古朴的韵味。数幅麻布拼缝成块后用作披衫和铺盖，俗称独龙毯。

独龙毯具有柔软、结实、耐磨、美观的优点，对山地河谷中生活的独龙族来说，有很大的实用价值。新织的独龙毯，往往是喜庆节日男女必备的盛装，也是宗教活动中不可缺少的祭物或法器。因此，独龙族十分珍视自己的这项传统手工技艺。当然，独龙毯不仅本民族喜欢，周边民族也十分青睐。20世纪80年代以后，妇女们更是利用现代各色彩线，精心选配，巧妙地织进毯中，使得古老的独龙毯更加绚丽多彩，面目一新。

文面女　贡山独龙族怒族自治县独龙江乡

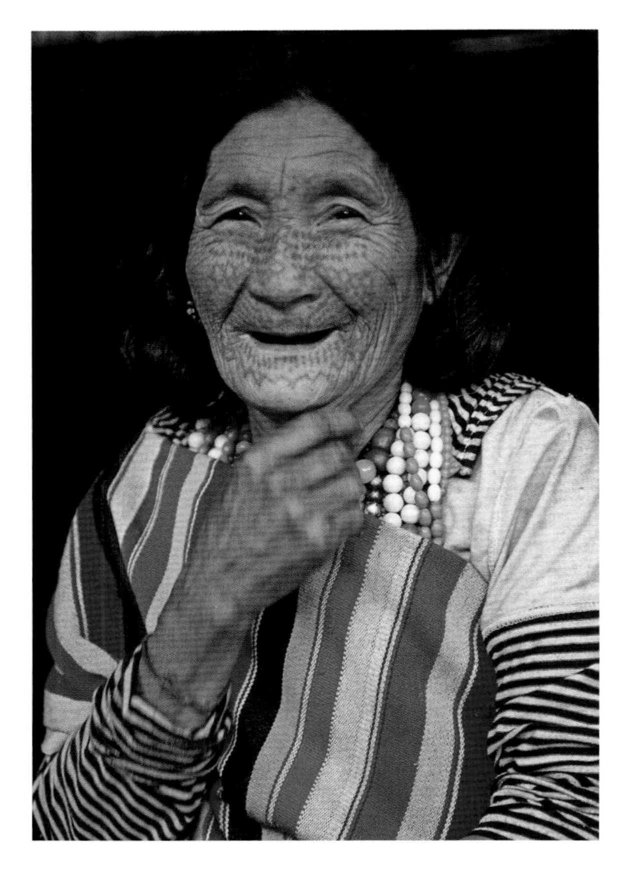

帽子

挎包

回　族

回族是我国少数民族中人口众多、分布最广的民族之一。据2020年第七次全国人口普查统计，居住在云南的回族有737548人。

回族服饰，依然有着民族的特殊标志，首先是男子一般都喜欢戴“回回帽”（又称礼拜帽）。回回帽从颜色上看，有无檐小白帽、小黑帽两种，大多数喜欢戴白帽。白帽多用棉布制作，黑帽多用华达、平绒制作。也有的不戴帽子，用白毛巾和白布裹头，俗有“缠头回回”之称。有的回族老人头戴一种硬盔帽。还有的因教派不同、地区不同戴五角帽、六角帽、八角帽等等。到了冬天，一些年长的回族男子和阿訇不喜欢戴棉帽子，头上仍戴一顶小白帽，耳朵上戴一对绣花耳套。男子一般喜欢穿双襟白衬衫，有的还喜欢穿白裤子、白布缝制的袜子等。回族男子都喜欢穿青色坎肩。回族男子的鞋，一般都是自制的方口和圆口布鞋，也有用麻或线自制的凉鞋，随着社会的发展、人民生活水平的提高，大多数回族人也购置布鞋穿。

回族妇女的衣着打扮较之男子有特点。头都戴白圆撮口帽，戴盖头。回族妇女的盖头，一般有绿、青、白三种颜色，有少女、已婚、老人之分。少女多戴绿色，已婚妇女多戴黑色，有了孙子或年长的妇女则戴白色盖头。老年妇女的盖头一般较长，要披到背心处；少女和媳妇的盖头比较短，遮住前额即可。盖头大多选用丝、绸、纱等高中档细料制作，还喜欢在盖头上额金边绣素雅的图案。

回族妇女传统的衣服，一般都是以大襟为主。少女和年轻妇女喜在衣服上嵌线、镶色、绲边等，有的还在衣服的前胸、前襟处绣花。

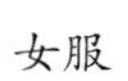

女服

化育萬物
不已
请勿闲谈
关闭手机

开远市大庄回族乡

昆明市西山区

满 族

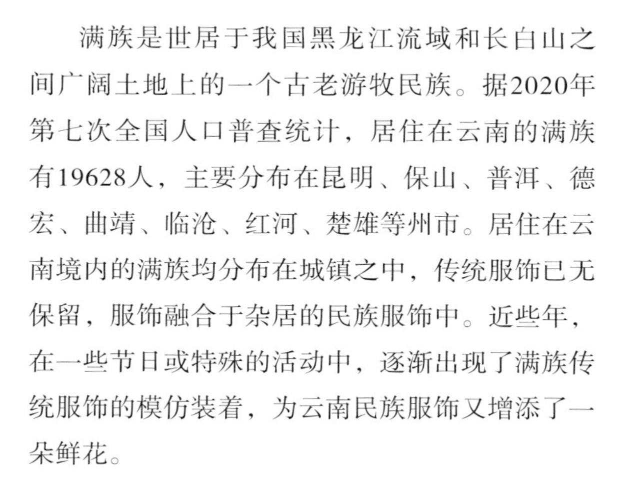

满族是世居于我国黑龙江流域和长白山之间广阔土地上的一个古老游牧民族。据2020年第七次全国人口普查统计，居住在云南的满族有19628人，主要分布在昆明、保山、普洱、德宏、曲靖、临沧、红河、楚雄等州市。居住在云南境内的满族均分布在城镇之中，传统服饰已无保留，服饰融合于杂居的民族服饰中。近些年，在一些节日或特殊的活动中，逐渐出现了满族传统服饰的模仿装着，为云南民族服饰又增添了一朵鲜花。

一、服饰的历史沿革

满族先民，最先被称为“肃慎”，以狩猎为生。汉代以后，满族先民被称为“女真”，是“肃慎”氏的后裔，已有“五谷、牛马、麻布”“其俗好养猪，食其肉，衣其皮”，能用猪毛纺线，猪皮缝衣。（《三国志》）唐宋时期，满族“妇女穿布裙，男子则着猪犬皮裘”。16世纪至19世纪，满族在中国历史上占有重要地位，特别是入关以后，利用执政权力，在全国推行满式服饰，并与汉族服饰相结合，形成了永载中华服饰史册的满族服饰。近现代以来，满族服饰的变化日新月异，但传统服饰的影响依然存在。许多服饰的款式，是历史上满族服饰的延续和发展。总体说来，满族服饰：男子自头顶后半部留发，束辫垂于脑后，戴帽，穿马蹄袖袍褂，两侧开叉，腰中束带便于骑射。妇女在头顶盘髻，佩戴耳环、簪；上穿宽大的直统旗袍，下着便裤或围裙，足穿绣花鞋。

二、服饰的特色形制

满族服饰中最有特色的是旗袍、鱼皮衣、套裤、围裙、帽及独特的头饰物。

旗袍。满语称“衣介”，是旗人特有的袍子。其式样为左衽大襟、圆领、窄袖，四面开衩，有扣袢。旗袍男女均穿。男子着旗袍便于鞍马骑射。女人的旗袍在衣领、袖口、袖边镶饰花条和牙边。旗袍有单、棉之别，冬天穿的称为“棉袍”。从清代至民国年间，无论汉满、男女、城乡、贫富都喜欢穿用，只是质地有所区别。特别是妇女穿的旗袍，最能体现女性优美体态，一直沿用至今，被誉为中华妇女的“国服”。

鱼皮衣。满族祖祖辈辈都有用鱼的皮制作衣

服的传统。鱼皮衣多用鲶鱼、鲑鱼、遮鲈鱼三种鱼皮制作，也有用狗鱼皮者。鱼皮衣男女均穿用，而以女衣居多。用刀剥下鱼皮后，置皮于火旁烘烤干，再将皮卷紧，放在一个木槽中用无锋的铁斧或木斧锤打，鱼皮变软，即可用来裁制衣服。鱼皮可以拼接，并可以染上紫、红、蓝等颜色。有的用染色狗皮剪成图案，拼缝在鱼皮上作为装饰。鱼皮衣有抗湿、耐磨、保暖的作用，是东北地区许多民族的特色着装。

套裤实际上是用于御寒的下装。满族在清代至民国年间，男女老幼都穿便裤。便裤用家织布制作，多为蓝色和黑色，其式样一致：没有口袋，不分前后，两条裤管在裆处缝合，上接白色裤腰，裤腰肥大，穿着时需将裤腰叠起来，再系上布腰带，裤脚上也系紧带子。套裤的上端前高后低，圆形口的高端齐腰并和裤腰带相连，低端位于臀下。套裤有夹、棉、皮之分。穿套裤者多为老人、猎人或进山打柴、伐木或打场等冬季在户外从事劳作的人。套裤是穿套在便裤的外面，故称为“套裤”。

围裙。满族妇女本来不穿裙子，是进关后受汉文化影响才开始穿用。关东地区满族妇女普遍穿的是别具特色的围裙。这种围裙并不是围裹全身，而是一种有前无后的半边裙。围裙多为蓝色，常用黑布剪成“云子卷儿”等图案，缝在围裙的上端和四周。妇女劳作时常在袍、褂外面系上围裙。围裙还是姑娘出嫁时的重要嫁妆，按习俗，新媳妇婚后的第二天早上，必须系上围裙下厨房。现在，围裙仍在使用，只是质料、颜色、长短已有所变化。

帽及头饰物。满族一年四季都戴帽，种类有草帽、皮帽、毡帽、礼帽、小帽等。其中，最有代表性的是草帽。草帽为夏季所戴，圆锥形，帽内有帽箍。草帽多用长白山区沼泽中的蒲草编成，也有用苇子或秫秸编制的。山里人用桦树皮缝制，接缝处涂上松脂，以防漏水。帽上饰以花纹，或绘或刻。

满族头饰很特别，妇女在盛装时，于发髻上戴一顶“扇形冠”，俗称“旗头”。黑色，用上等缎、绒等材料制作，上面缀有花朵及凤形饰物，十分华贵艳丽，一般女性只有在结婚时才能戴。妇女头上还佩戴簪子。其中，最有特色的是“大扁簪”，又称“大扁方”，用金、银、玉等材料制作，长短不等，用时贯穿于发髻之中，更显得富贵华丽。满族妇女还有戴耳环的悠久传统，曾有“女人之髻，插以金银珠玉为饰，耳

挂八九环，鼻左旁亦挂一小环”的记载。清末民初，民间流行一耳戴三环，即在一个耳朵上扎三个孔，同时戴上三个用名贵材料制成的耳环。

合香楼胡氏家族

云南民族博物馆

合香楼胡氏家族

蒙古族

20世纪70年代通海县兴蒙蒙古族乡征集

云南的蒙古族主要聚居在玉溪市通海县兴蒙蒙古族乡。全乡由中村、白阁村、下村、交椅湾村和桃家嘴村5个自然村组成。据2020年第七次全国人口普查统计，居住在云南的蒙古族有25239人。兴蒙乡蒙古族在许多方面保留了蒙古族的传统特征，继承了具有蒙古族基本特点的服饰，在云南民族服饰中具有较强的代表性。

一、服饰的历史沿革

云南的蒙古族始终坚持穿戴自己独特的蒙古族服饰。兴蒙乡地处云南省中南部通海坝区西北部凤凰山脚杞麓湖西岸。东俯杞麓湖，南望螺峰山，西枕曲陀关，北倚凤凰山。乡境内的主体山脉为杞麓山，属通海县内夹雄山支脉，是由西向东伸向杞麓湖的一座独立山。公元1253年，忽必烈率10万大军平定大理国，蒙古族开创了进入云南的历史。随着蒙古族在云南统治的建立，蒙古族开始陆续通过各种渠道进入云南。兴蒙乡以及散居于全省各地的蒙古族的先民也就是在这个过程中来到云南的。兴蒙乡蒙古族就是元代进入云南的北方蒙古族的后裔，落籍云南至今已有七百多年的历史。随着历史的发展和生产生活环境的变化，长期与其他民族相处，现在云南蒙古族的服饰，与内蒙古自治区蒙古族的服饰相比，还可以看到某些相似的特点，但是已经起了很大的变化，大部分已经融合了云南民族服饰的特色。

二、服饰的特色形制

云南蒙古族穿长衫，腰间扎带子，与内蒙古的蒙古族相似。现在，男子服装与汉族没有多大差别，只有到了节日，才有人穿蒙古族服装。

云南蒙古族妇女的服饰很有特色，既不同于周边的少数民族，也不穿过去的长袍。上装一共有三件，称“三叠水”，长短、颜色均不相同。第一件是汗衫，也就是贴身衣，高领、袖长至腕，衣长及股，箍在脖子上的高领做得特别讲究，用五光十色的丝线绣制，耀眼夺目，衣边袖口也镶有花边图案。这些都遗留着北方蒙古族妇女服饰的痕迹。第二件衣服无领，比第一件稍短，袖口也镶有花边，但是花边镶在背面，穿时把袖子反卷到肘关节以上，这样花边就露了出来。恰巧与第一件的花边相连，显得很别致。第三件是无领无袖、短到腰部的对襟式夹布褂子。褂子左边钉有一排小型银制圆纽扣，有三十六个

之多，有的还在褂子右边钉六至九个小碗口大的银花扣。这件外衣（褂子）只有脖子领口处有一个小纽子可以扣，下边都是披着的。众多的银纽扣和前两件衣服上的绣花图案配合在一起，闪闪发光，别致精美。妇女裤子多为青蓝色。年轻的姑娘腰间还扎一条挑花绣朵的布腰带。她们叫作“达波”，两端带头从第二件外衣下面露出，所绣花纹十分精美，是姑娘们精巧手工的象征。没有出嫁的姑娘穿“两叠水”的衣裳；出嫁的妇女，穿“三叠水”衣裳；老年妇女则不穿小褂。三件衣服，长短相宜，颜色不同，穿上以后颇为美观大方。

妇女的头饰，可分为五种，根据年龄不同而装扮各异。青少年时，戴一顶凤凰冠帽，把两股发辫绕在帽头上，辫尾扎有丝线红缨，称之为“喜毕”，结在帽尾上。结婚以后则不戴帽子，用一块五尺长的青布，折成一寸五宽的包头，叫“撮务施”，围在头上，发辫照样绕在布外，尾部的红缨依然保存。生过孩子以后，头饰又随着变化：一是头发要全部盘绕到头顶上，用包头布全部包起来，头发一点也不能露在外面；二是不能再戴辫尾上的“喜毕”丝线红缨。在姑娘结婚之前，母亲要为女儿准备“喜毕”和“撮务施”，作为结婚时的礼物赠送。妇女平时还有一种常见的头饰，在劳动时，为了遮太阳、遮雨，常常把一块一尺五寸长的围腰布解下来，折成三至四寸宽围在头上。中、老年妇女把围腰顶在头上，用围腰带绕于头顶；青年妇女，则遮盖至耳部和后颈。

怒　族

贡山独龙族怒族自治县捧当乡

怒族是怒江流域最早的居民，主要分布在云南怒江傈僳族自治州的碧江、福贡、贡山三县及兰坪县的兔峨乡。此外，迪庆藏族自治州维西县也有少数怒族居住。中华人民共和国成立前，怒族社会生产力水平尚很低下，普遍实行刀耕火种的农业，物质生活和精神文化方面都尚保有原始社会的若干特点。各地怒族的自称互不统一，居住在贡山县的怒族自称“阿怒”，居住在碧江匹河乡的怒族自称“怒苏”，居住在福贡县的怒族自称“阿龙”，居住在兰坪县的怒族自称“若柔”。中华人民共和国成立后，统称怒族。据2020年第七次全国人口普查统计，居住在云南的怒族有34134人。

一、服饰的历史沿革

明朝以前，怒族长期闭居于碧罗雪山和高黎贡山之中，生产落后，交通阻隔，不为外界所知，直到明朝时期，历史典籍中才出现有关怒族的零星记载。钱古训、李思聪《百夷传》：“怒人目稍深，貌尤黑，额颅及口边刺十字十余。”“皆居山巅，种苦荞为生。”天启年间的《滇志》载：“怒人，男子发用绳束，高七八寸，妇人结发于后。”而在乾隆《丽江府志略》中则说：“怒人，居怒江边……男女十岁后皆面刺龙凤花纹……妇人结麻布于腰。”在此，较为具体地记录了怒族男女的头饰和文面情况。与此同时，余庆远在其《维西见闻纪》中，对当时怒族的服饰着装有了更具体细微的描述：“怒子……素号野夷，男女披发，面刺青纹，首勒红藤，麻布短衣，男着裤，女以裙，俱跣。”“覆竹为屋，编竹为垣……人精为竹器，织红纹麻布，么些（纳西人）不远千里而购之。”据《云南通志》载，道光年间，怒族服饰没有多大变化，依然是：“男子编红藤勒首，披发，麻布短衣，红帛为裤而跣足；妇人亦如之。”民国年间，怒族服饰有了一些变化，佩饰物也增加不少，但依然保持许多原始服饰的特点。怒族能自己织布，但是他们纺线的车子和纺布的机子，很是简单。扣子是用四根桩，栽在地下作一长方形，人坐在旁边板凳上就可以织布。“因扣子的构造不好，织出的布不密不宽，很不耐用。”“裁制衣服，并无剪尺，多用刀割手撕，遇弯拐绵缝，随便折曲，衣领只留一洞，并不裁成合劲。布有长头，则折藏于衣服里面，男子多缝长衫，但只四幅直下，并不放摆……男女的衣

贡山独龙族怒族自治县丙中洛镇

服，都不用纽，因为他们还不会结纽子、缝纽袢，男子都是用一节勒腰带，未勒衣服。”

“女子自幼束发不拖辫子，头上不戴帽，也不顶戴其他类似帽子之布匹。未嫁及已嫁之青年妇女，都用各色烧料细珠，编成许多小串，编为一个勒帽，戴在头上，使珠珠覆盖额上。耳环大如手镯，粗与普通之电筒相等，银质无纹，青年女子多戴之，颈上多有戴珠圈的，不穿裤，只用布裙或麻布裙，或麻裙，不缠足也不穿鞋。”

“惟是男子则编红藤勒首，披发文身，穿耳，耳上以珠子珊瑚为荣。”（《云南边地问题研究》）据调查，过去怒族男子在外出狩猎和血族复仇械斗时，亦有以兽皮作盔甲，以龙竹为绑腿护脚的。

从上述文献资料可见，早期怒族服饰较为简单，仅是“麻布衣裙，竹藤为饰，文面披发”而已。但其中许多原始服饰的特点，与独龙族服饰相对应，反映出人类初期阶段护身保体和人体装饰的许多内容，见证着人类服饰起源阶段的历程。

二、服饰的区域形制

怒族四个支系的文化渊源不同，各支系风俗习惯和语言都有很大差别，因而反映到服饰上亦有一定差异。

男子服饰。福贡、碧江两地的阿怒和怒苏两支系男子服饰与女子服饰相比，较为朴实，更多地反映出怒族男装的服饰特点。其中，最有风度的是喜穿在对襟麻布衣、裤外的长褂。长褂白天可挡风避雨，夜晚露宿可垫可盖，具有风衣的作用。男子长褂无领无扣，以带系之，在肩袖缝合处有坎肩式的活接头，接头处有两个大暗袋。长褂穿在身上，走起路来下摆遮风，再加上男子出门必佩长刀、硬弩、熊皮箭囊及拼花挎包，显出一副英武的“山林主人”神态。

贡山、兰坪一带的阿龙和若柔支系，多穿长衫马褂，下着长裤及膝，依然有着自己的独特传统。长衫穿时前襟上提，束腰带，扎成袋状，便于装物；蓄发，用青布或白布包头；裹麻布绑腿。但与傈僳族杂居共处较多的若柔支系，服饰大多与傈僳族相似，一般都穿麻布长衣。长衣无纽扣，以带系之，大襟右掩似和尚领，中间系腰带；衣后分两层，里层与前片缝合，外层只作披挂；袖口紧收；腰带宽大，于一侧垂下。凡成年男子，均在腰部佩砍刀，右肩挎弯弓和箭囊，显得英武彪悍。男子均蓄发，包头巾，或结发辫，

兰坪白族普米族自治县兔峨乡

头饰

或披发齐耳。头人或富裕人家的男子多在左耳戴一串大珊瑚，近代怒族头饰，均为黑布包头，但北部地区多戴羊毛毡帽。

妇女服饰。各支系的妇女服饰各有特色，但大致可以归纳为穿裙还是穿裤，或腰部是否系围腰。

穿裙不穿裤，不系围腰的女装。阿怒、怒苏支系妇女的服装，都是只着裙，不系围腰。上身一般内穿浅色窄袖短衣，外套右衽深色领褂，下穿黑色或白底蓝纹的百褶裙，上紧下宽。除在衣裙上加许多花边外，还喜欢缀以各种佩饰。胸前佩戴一枚圆形大贝壳，长短不一的数串珍珠分别挂在胸前或斜挂在身上。这种胸饰怒苏语称“夏伟”。还习惯在双耳戴上垂肩的大铜环，有的还在鞋上加红花为饰，显得富丽华贵。按旧俗，女孩十一至十三岁开始穿裙。已婚妇女则在衣裙上加绣花边。妇女外出时常携带拼花挎包。这种拼花挎包是将红、橙、绿、青、蓝等彩色布条按一定的规格和间隔，缝在一块长方形白麻布口袋上半部和下半部的两侧，并在下半部的中间用红、黑色线绣三行均匀对称的条纹，包底两头配上红色布条。这种挎包色彩鲜艳夺目、美观大方，是少女赠送情人的信物，又是显示女子聪明才智和向贵客表示敬意的礼品。

过去，妇女们都爱用细藤染成红、黑色，缠包头部、腰部及腿部作装饰，以缠得多为美。现在，多以丝线代替。她们头上多包头巾，或以发辫压方头帕加各色彩藤或彩线为饰，鲜明突出，古朴典雅。

穿裤不穿裙，系围腰的女装。阿龙、若柔两地的女子，均穿裤、系围腰，不穿裙子。阿龙支系妇女，一般内穿长及小腿的浅色上衣，前后摆在接缝处缀一块方形的红色镶边布；外着长及臀部的深色领褂，腰系几乎拖地的竖条腰彩花围腰，围腰上系有横条彩色花纹腰带。妇女外出时都佩精美的藤篾挎包以盛杂物。女童以彩色毛线编成辫状头饰缠头。成年妇女往往在头巾外缠上红白相间的彩色缨穗为饰，不戴铜耳环，喜欢用精制的竹管穿两耳为装饰和佩戴胸饰。胸饰多为彩色串珠项链和胸链。

居住在兰坪一带的若柔支系，因长期与白族杂居相处，服饰基本上和兰坪白族相同。即以黑布包头，内穿青色或浅鸭蛋绿左衽土布短上衣，外套前短后长深蓝或黑色领褂，下着深色宽裤，腰系浅色绣带围腰，显得清淡素雅。过去富裕人家的女子还常佩戴耳环、耳坠和手镯，并在上衣领口和袖口处镶上花缎子边，脚穿绣花布鞋。头

部及胸部多用珊瑚、玛瑙、贝壳、米珠、成串的银币作装饰，有的戴铜质大耳环垂于肩部。

传统的手工艺品——羊毛袜子。在贡山丙中洛，无论在劳动的田间，开会学习的火塘边，还是赶集串亲戚的路上，怒族妇女的腰上总是挎着一个用细藤篾做成的小篾篓，怒语称“小搭弓”。一撮撮羊毛线从这只小篾篓中飞了出来，通过她们精灵的心，巧妙的手进行加工，千丝万缕的线团，慢慢变成了一双双别具风格的羊毛袜子。

千百年来，怒族妇女正是用这一双双凝聚着辛勤汗水的羊毛袜子，把自己的一片片深情厚谊献给了心中的人。羊毛袜子是怒族男女青年爱情的桥梁和不会说话的“媒人”。小姑娘要是爱上了哪位小伙子，就把自己一针一线钩织成的羊毛袜子送给他，小伙子要是收下了这双羊毛袜子，就意味着接受了姑娘的爱情。因而在怒族山寨，哪个伙子的脚上一旦穿起羊毛袜子，人们就会确认他已经有对象了。

羊毛袜子还是怒族家庭和睦、夫妻恩爱的动力。已婚的男子穿上妻子编织的羊毛袜子，真有“翻几座山不觉累，过几条江腿不酸”的劲儿。只要能见到羊毛袜子，远离家乡多少年，依然惦念着妻子儿女。

在怒族的传统习俗里，女孩长到七八岁，阿妈就得教她搓羊毛、织袜子。姑娘长到十七八岁就会编一手好羊毛袜子。

福贡县匹河怒族乡

贡山独龙族怒族自治县丙中洛镇

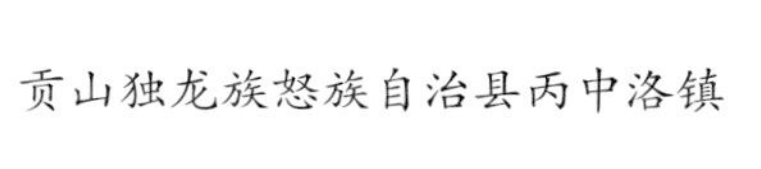

贡山独龙族怒族自治县丙中洛镇

福贡县匹河怒族乡

阿昌族

清代女服　20世纪50年代梁河县征集

阿昌是本民族自称。元明时期的史书写作"峨昌""莪昌""娥昌"等。据2020年第七次全国人口普查统计，居住在云南的阿昌族有39984人。主要居住在云南省德宏傣族景颇族自治州的陇川、梁河、潞西、盈江、瑞丽、畹町等地，在保山市的腾冲、龙陵和大理白族自治州的云龙县境有分布。陇川县的户撒和梁河县的曩宋、九保是阿昌族居住比较集中的地区。阿昌族属古代从中国西部迁入云南的氐羌族系民族。阿昌族长期与傣、景颇、傈僳、德昂等民族杂居相处，多数均会汉语或傣语，阿昌族制造的佩挂刀具，特别是户撒刀，极负盛名。

一、服饰的历史沿革

阿昌族先民"峨昌"人，远在公元前2世纪就居住在滇西北的金沙江、澜沧江和怒江流域的广大区域内。到唐代，被史书称为"寻传蛮"。其服饰状况，《蛮书》记载："寻传蛮，阁罗凤所讨定也。俗无丝绵布帛，披波罗皮，跣足，可以践履榛棘。持弓挟矢，射豪猪……取其两牙，双插髻傍为饰，又条其皮以系腰。每战斗，即以笼子笼头，如兜鍪状。"大理国统治时期，"寻传蛮"中的农业和纺织业有了很大发展，从唐代"衣兽皮"，到元代"着无领衣"。元《云南志》载："男子衣帽类百夷，但不髡首黥足，及语言为异。妇人以花布系腰为裙，胫裹青花行缠。"王崧等纂《云南通志》载："峨昌……男子束发裹头，衣青蓝短衣，披布单。妇女裹头，长衣，无襦胫，系花褶而跣足。"这是当时相对发达地区的服饰情况，边远地区的云龙西部阿昌族服饰，直到明代中期依然保持着唐朝时期狩猎民族的原始服饰，"男子顶髻，戴竹兜鍪，以毛熊皮饰之，上以猪牙、鸡尾羽为顶饰"。（景泰《云南图经志书》）。

民国年间，滇缅交界的北部，仍保持着较为突出的民族传统："茶山人种，为莪昌人……其服饰，男子并不戴帽，以青布缠之；也不穿衣，只披麻布毯；裤子甚短，不能遮膝，腰系铜铃，行动有声。女子髻向前，顶束布，耳环用铜钱，粗似藤，圆大如碗。颈下多戴料珠，并不穿裤，只系花布裤子。男子出外配刀夹矢，以御外侮。"（《滇缅北段未定界境内之现状》）

20 世纪 50 年代陇川县征集

20 世纪 50 年代梁河县征集

二、服饰的区域形制

阿昌族因不断迁徙，与周边民族文化的不断交流融合，服饰有的已经完全汉化，有的或与景颇、傈僳等民族的服饰大同小异，其传统服饰的式样已无从考证。现只有阿昌族人口最为集中的陇川户撒及梁河遮岛地区其服饰自成一体，有着独特的民族风格。

户撒型服饰。少女上穿浅色高领对襟衣，以蓝、白色居多；下穿长裤；辫发盘头，用蓝色或黑色布一圈一圈地缠起来，包头后面还有流苏，长可达肩；包头前面和左右两侧用鲜花和彩色绒球、璎珞点缀，有的在鬓角戴一银手镯，上面镶玉石、玛瑙、珊瑚之类。姑娘还以银圆、银链为胸饰，颈上戴银项圈数个。已婚妇女，缠黑色大包头，着黑色对襟衣，穿肥大的长裤，胸部佩挂链、坠等各种银质饰品，与黑色上衣形成强烈的黑白对比。妇女也常用三角形织花披巾，在黑底上织有一道彩色花边纹样。

陇川户撒的男子服饰，有着浓厚的民族特色。男子均留短发，用布包头，并以包头布的颜色来区分婚否：未婚男子包头布为白色或黑色，已婚男子则包藏青色。上穿家织布缝制的深色对襟布扣衣，下着黑色或蓝色长裤，裤管肥大，系黑色绑腿，赤足。老年男子衣裤与青年人的基本相同，区别只是头上常戴一种有缨穗的卷边帽。男子出门，都肩挎筒帕和长刀。户撒刀是阿昌族代表性的手工艺产品，极负盛名，是阿昌族男子永不离身的必备之物。

梁河型服饰。阿昌族男子服饰，各地大同小异，基本上与户撒的服型一样。

妇女服饰则有着已婚和未婚的明显区别：

少女喜穿白色、桃红色及淡绿色上衣，衣稍短，前后衣角均为椭圆形，配有银泡纽扣为装饰；下着普通长裤；腰系花边短围腰。围腰又叫“站裙”，多用自制的线和土布绣制而成。这与阿昌族的劳动生活有关。姑娘梳盘头，缠各种色线以求绚丽，头上还插一种被称为“蚂蚱花”的饰物。所谓“蚂蚱花”，是一根银质小棒，一端缠毛线，串以珠，缀以蓝、红、黄等色绒球，另一端尖锐，可插于发间。

已婚妇女必须按习俗改装，上着黑色对襟长衣，下穿筒裙。筒裙均采用腰机手工织制，织出的花纹称“筒子花”，遍布整个布幅。腰束围腰，加系一根中央有菱形花纹的红色织带；

梁河县曩宋阿昌族乡

裹腿，纹饰与筒裙一致。高包头阿昌语称“无摆”，是梁河地区已婚妇女改变最大、最突出的头饰。这种头饰用自织自染的两头坠须的黑棉布长帕，缠绕在梳好发髻的头上，上扁下圆，造型高昂雄伟。阿昌族非常重视妇女的包头，因此，姑娘在婚前，要自织自染一根黑带子，带子两边各编一段长的流苏，然后用竹笋壳拼缝一个上扁下圆的帽形，用长带将其密密缠绕，最后在顶处打结，带端由顶垂下，准备结婚时用。

阿昌族妇女包头，禁忌甚多，包头仪式神圣庄严。第一次包头必须在婚礼后，由儿女双全的中年妇女在新房内帮助包扎。平时包取，要长辈晚辈互相回避，外人不可随意触及。高包头还是阿昌族女子勇敢聪慧的象征，据说古时阿昌族与外族开战，箭头不够，妇女便扎上高包头，蹲于壕内，诱敌射箭入“垛”，男人们“借”得许多箭矢，战胜敌人。从此，妇女就戴上了高包头。

老年妇女服饰，大体与中青年妇女相间，区别仅在于包头包得较松散。

腾冲阿昌族服饰。女子婚前，以自己的头发并接上假发编成辫子盘于头上，再用红毛线一束，将辫缠紧，插一朵彩珠穿成的小鸡冠花，佩戴耳环。身穿白色和粉蓝色对襟紧袖短衣，纽扣上各挂一根银链，腰系黑布小围腰，两根绣花垂须飘带，垂于腰右侧。下着普通长裤，有的还穿黑布绣花图案花裙子。婚后，头戴下圆上扁的黑布包头，佩戴耳环，上着浅色对襟紧袖短衣，下穿内花外短两层布筒裙，黑裙长及小腿，绣有装饰性图案花纹，外裙至膝上，无绣花。男女服用布多为自制土布。每逢年节，妇女则配上银纽扣、银链子，手腕上戴银泡手镯，耳朵上戴银耳环。男子出门则要佩式样美观、刀刃锋利的阿昌刀。

龙陵阿昌族服饰。男子以布包头，喜白、青、蓝色，包头末梢坠有四朵一串的蚂蚱花；上身穿着对襟衣，配有银质纽扣；下穿深色大裆长裤，裤脚饰有花边。妇女上穿配银扣略短的大襟衣，戴银链坠着的各种银质图案装饰品，腰系花边短围腰，下穿普通裤。少女缠辫于头上，并以彩线数道缠发。已婚妇女则把头发上拢为髻，再戴上筒形包头。其服饰近似当地的傣族。

梁河县曩宋阿昌族

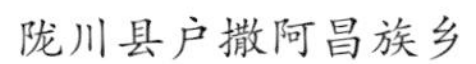

陇川县户撒阿昌族乡

陇川县户撒阿昌族乡

清代土司龙袍　20 世纪 50 年代楚雄彝族自治州征集